Micro-GT Smart Controller

Per applicazioni di robotica semovente e altro.

Marco Gottardo

Questa edizione è stata pubblicata a gennaio 2015 da Marco Gottardo.

Tutti i diritti riservati. Nessuna parte di questa pubblicazione può essere riprodotta, salvata in un sistema di memorizzazione o trasmessa in qualsiasi forma o con qualsiasi mezzo, meccanico o elettronico, senza il permesso scritto di Marco Gottardo,

C.F. GTTMRC68R06G224I,

Via Colombo 14, 30030 Vigonovo (VE)

Italia.

E-mail: ad.noctis@gmail.com

ISBN: 978-1-326-15696-1

INDICE

- Breve storia della robotica semovente. ... 3
- Sistema di controllo in PWM. ... 10
  - *Alcuni calcoli fondamentali.* ... 12
- Sezione inversione di potenza: ... 14
- Sezione di comunicazione. ... 15
- Sezione di controllo motori ausiliari. ... 18
- Il problema delle correnti di Gate. ... 23
- Immagine 3D del progetto ... 24
- Il circuito stampato. ... 28
- Uso degli ingressi digitali. ... 30
- Assemblaggio e collaudi. ... 33
- Il display LCD. ... 34
- Collegamento dei servomotori. ... 36
- Interfaccia di controllo da PC. ... 37
- La programmazione del PIC ... 37
- Il firmware. ... 40
- L'interfaccia software per la Micro-GT mini. ... 41
- Introduzione rapida alla programmazione dei PIC. ... 42
- Predisposizione dell'ambiente MPLAB X. ... 43
- L'ambiente MPLAB X. ... 44
- Creazione progetto. ... 45
- La compilazione. ... 51
- Il programma scheletro X. ... 52
- La simulazione. ... 55
- Importazione di un progetto da MPLAB v8.xx ... 59
- Anteprima di applicazioni. ... 66
- Mini shield PWM Power inverter Descrizione circuitale ... 68
- Sezione PWM hardware ... 69
- Sezione controllo di potenza switching ... 72
- Sezione inversione di marcia ... 73
- Sezione di alimentazione ... 75
- Il motore DC. ... 86
- Appendice. ... 97

Micro-GT Smart Controller

Per applicazioni di robotica semovente e altro.

Variante del sistema di sviluppo Micro-GT mini per applicazioni robotiche semoventi. Lo smart controller può fare da scheda madre del sistema di controllo di potenza e può essere interfacciata ad un numero piuttosto elevato di minishield power inverter per il controllo di altri motoriduttori con analoghe caratteristiche dei principali.

Il microcontroller onboard è predisposto per pilotare, oltre ai motori di potenza, anche 14 servomotori e/o elettrovalvole nel caso fossero presenti nell'automa parti pneumatiche.

Il sistema e' in grado di acquisire 6 canali analogici per quegli apparati sensoriali che lo richiedessero.

La piattaforma e' open Hardware e open source, e si accettano con entusiasmo collaborazioni e suggerimenti per le versioni future.

in figura un esempio di automazione semovente, si tratta di una foto dalla missione Mars Pathfinder (luglio-agosto 1997, con il robot semovente Sojourner attivo per tre settimane, da cui si e' preso spunto per la realizzazione).

Buona lettura.

ad.noctis as Marco Gottardo.

Breve storia della robotica semovente.

I robot semoventi o **rover** sono veicoli sviluppati inizialmente in campo astronomico per l'esplorazione spaziale di superficie di pianeti od altri corpi celesti. Alcuni sono disegnati per il trasporto di cose o persone, altri invece sono parzialmente o completamente autonomi.

Nel campo delle sonde spaziali i rover si dimostrarono più versatili rispetto alle sonde stazionarie in quanto capaci di esaminare una maggior superficie e di essere diretti verso le zone ritenute più interessanti. Rispetto alle sonde orbitanti permettono osservazioni a carattere microscopico sul territorio.
Il primo rover nella storia sviluppato come sonda spaziale dai sovietici fu il Lunakord 1°. Questo robot era disegnato per l'esplorazione della superficie Lunare ma ahimè si schiantò con il proprio razzo poco dopo la partenza. Ci troviamo nel 1969. I sovietici non si persero d'animo e l'anno successivo riusciron ad inviare un rover sulla Luna, li Lunakord 1

Questo rover era lungo circa 2,3 metri formato da una compartimento a vasca con un ampio coperchio convesso, il tutto mosso da 8 potenti ruote. Era dotato di antenne per il controllo direzionale via radio telecamere e sonde denso metriche per il suolo più una serie di altri strumenti analitici. Funzionava a batterie caricate tramite una cella fotovoltaica sul coperchio. Continuò a funzionare per la bellezza di 11 mesi (contro i tre originariamente attesi), conquistando il titolo di rover spaziale più longevo solo recentemente battuto.

Anche le missioni Apollo (15, 16,17) inclusero dei veicoli Rover capaci di trasportare fino ad un paio di astronauti con relativo equipaggiamento.

Nel 1973 i Sovietici sbarcarono sul nostro satellite col Lunakord 2, veicolo più compatto (135cm di lunghezza). Era dotato di calle solari sotto un coperchio rotondo che si apriva periodicamente per ricaricare le batterie, manteneva la configurazione a 8 ruote indipendenti del predecessore ed era dotato come esso di telecamere e varie sonde analitiche. Non fu altresì altrettanto longevo, dopo soli 4 mesi cesso di funzionare.
Allo stesso periodo risalgono i rover utilizzati per le missioni spaziali mars 2 e mars 3, molto più piccoli dei colleghi lunari (4,5kg) e collegati ad un lander mediante "cordoni ombelicali" di 15 metri. Purtroppo non ci è dato di sapere molto sull' efficienza di questi rover dato che entrambi i lander fallirono

Per riuscire nell'intento di raggiungere un pianeta con un Rover fu necessario attendere fino al 1997 quando i Sojourner rover sviluppato dalla NASA toccò finalmente la superficie di Marte.

Gli ultimi due Rover a raggiungere la superficie di Marte furono Spirit (2004-2020) e opportunità (2004 ed ancora in funzione)

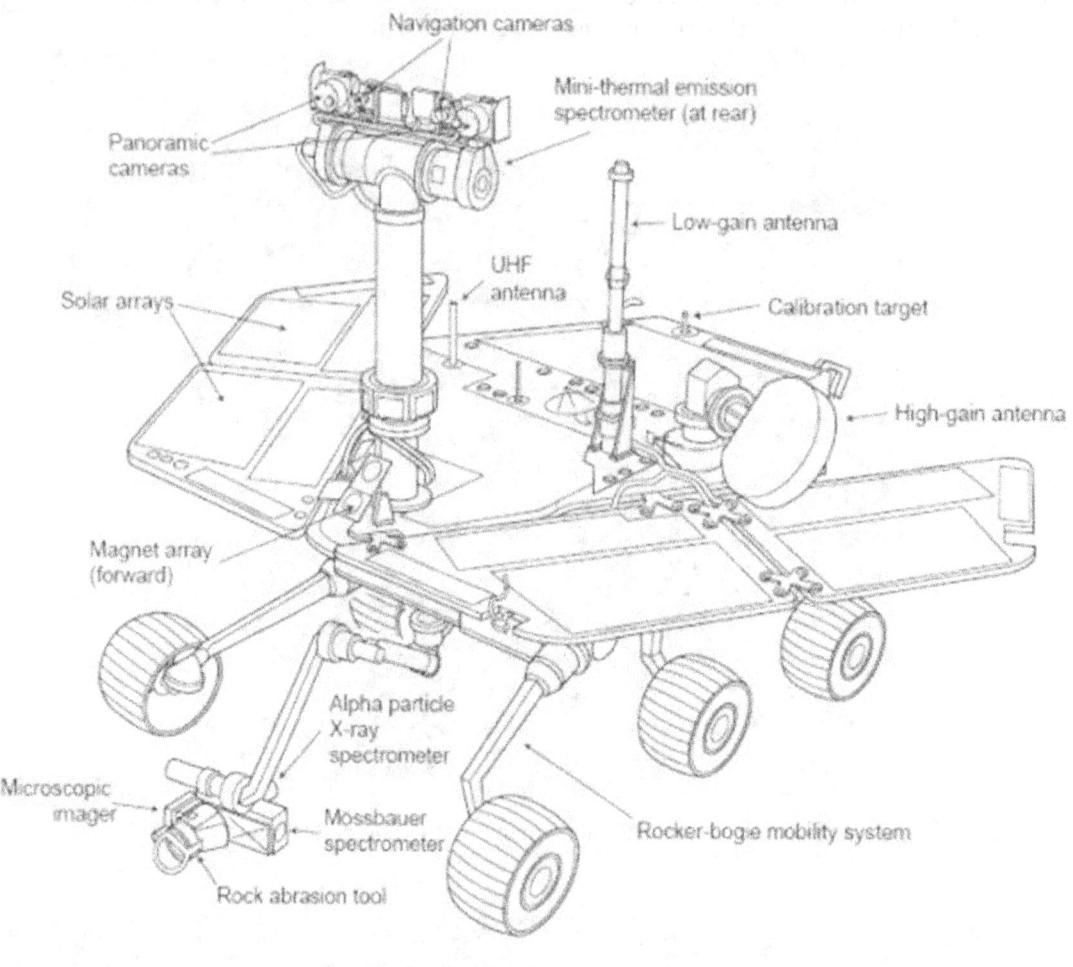

Mars Exploration Rover

Schema elettrico.

Lo schema elettrico e' modulare e si compone di:

1. sezione di alimentazione dei solenoidi
2. sezione di alimentazione della logica
3. sezioni PWM hardware
4. sezioni inversione di marcia
5. sezione di comunicazione
6. sezione di controllo motori ausiliari
7. morsettiere

Scarica lo schema elettrico in formato Eagle da questo link -> <u>Micro-GT smart controller</u>

Sezione alimentazione dei solenoidi:

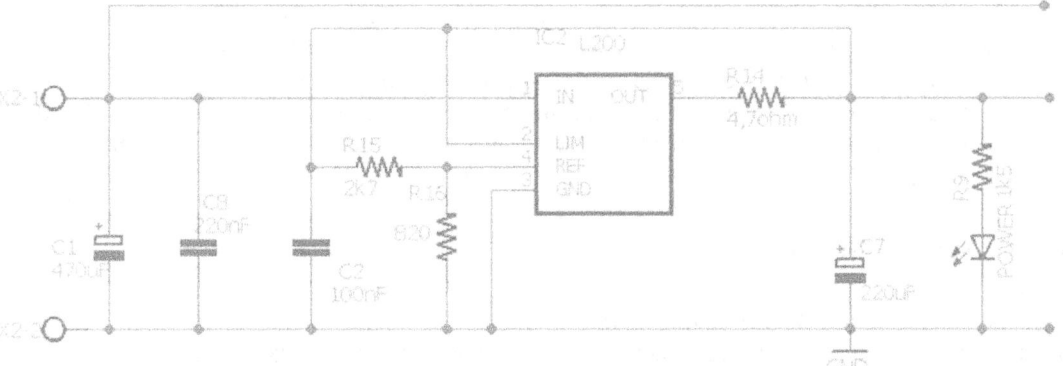

Alimentazione impostata a 12V tramite regolatore L200

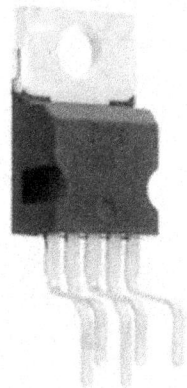

Il circuito integrato L200

La sezione di alimentazione dei solenoidi è soggetta al problema di dover attingere l'energia necessaria da una fonte robusta ma non molto stabile quale è l'alimentazione dei numerosi motori DC che movimentano l'automa. Dato che gli spunti di assorbimento di corrente durante la fase di avvio sotto carico possono comportare delle oscillazioni della "raddrizzata-livellata" i normali regolatori della serie 78xx non sono adatti a lavorare in condizioni così impegnative in input, tanto è vero che durante alcune prove al banco, sono esplosi.

Molto più adatto è il regolatore L200 che dichiara di poter resistere fino a 60v come leggiamo nelle prime righe del data book riportate nell'immagine sotto.

- ADJUSTABLE OUTPUT CURRENT UP TO 2 A (GUARANTEED UP TO T_j = 150 °C)
- ADJUSTABLE OUTPUT VOLTAGE DOWN TO 2.85 V
- INPUT OVERVOLTAGE PROTECTION (UP TO 60 V, 10 ms)
- SHORT CIRCUIT PROTECTION
- OUTPUT TRANSISTOR S.O.A. PROTECTION
- THERMAL OVERLOAD PROTECTION
- LOW BIAS CURRENT ON REGULATION PIN
- LOW STANDBY CURRENT DRAIN

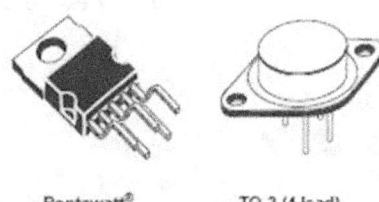

Pentawatt®   TO-3 (4 lead)

scarica il databook dell'L200 -> download.

Tra le protezioni integrate nel chip abbiamo un limitatore di corrente programmabile tramite una resistenza, un limitatore di potenza, una protezione termica che spegne in caso di necessita' il dispositivo, e come già accennato una protezione dalle sovratensioni in ingresso per una applicazione di 60V per oltre 10 ms che ne impedisce l'esplosione, e ovviamente la protezione contro i corti circuiti. Anche se non molti conoscono e usano questo dispositivo sarebbe l'ottima soluzione per eliminare gli stock di regolatori fissi in magazzino, anche se bisogna ammettere che molti altri regolatori potrebbero farlo.

Altre importanti caratteristiche sono:

- Ingresso in continua non problematico di 40V
- Salto di tensione non problematico di 32 volt tra ingresso e uscita (va calcolata la potenza dissipata)
- temperature di lavoro (del case) tipiche nel range -55 fino a 150 gradi centigradi

Guardando lo schema elettrico postato sopra potrebbe sembrare che la resistenza R14 sia posta in seri all'uscita, ma in realtà non e' cosi dato che il pin 5 e' in realtà l'ingresso usato dal dispositivo per l'impostazione della limitazione di corrente e l'effettiva uscita di potenza e' in realtà il pin 2.

La programmazione del limitatore di corrente avviene tramite i pin 2 e 5, tra i quali e' posta la resistenza R14 di valore 4,7 ohm. Tale valore fissa la massima corrente erogata a valore che si ottiene sottraendo 2 volt al valore impostato in uscita diviso per il valore R14 ovvero 4,7 ohm.

La corrente e' quindi limitata a (12-2)/4,7= 2,1 ampere

Ho pensato di limitare la corrente a questo valore massimo dato che la casa costruttrice del dispositivo dichiara che e' in grado di lavorare, anche in condizioni estreme, sopra a questo valore di corrente.

La tensione e' impostata dalla somma dei valori delle resistenze (R15+R16) a cui si somma 1, il cui risultato lo moltiplichiamo per la tensione presente al pin 4 usato come riferimento.

Nel nostro caso al pin 4 giunge il valore ripartito con la formula V4 = 12xR16/(R16+R15)

Invertendo la formula e' possibile fissare la tensione di uscita avendo nota la Vref al pin 4.

Con i valori indicati nello schema di R15 pari a 2700 ohm, e R16 pari a 820 ohm, ed assunto il valore tipico di Vref internamente generato con un Vin di 20 volt allora la formula restituisce Vo=11,59 volt che grazie alle varie tolleranze sui resistori potrà restituire alla misura circa 12Volt come ci serve.

Nel caso si volessero utilizzare relè con la bobina a 24Volt basterà ricalcolare i valori di R15 e R16 con la medesima formula e viene lasciato come utile esercizio.

Sezione alimentazione della logica:

Grosso modo si tratta di un semplice regolatore di tensione LM7805 in grado di fornire circa un ampere al sistema con i suoi bravi condensatori da 100nF nella che dovrebbero impedire le autoscillazioni. Il diodo D18in alcuni casi potrà salvaguardare il regolatore in caso di "contro pilotaggio".

L'attenzione va focalizzata sui due Morsetti X7 e X5 e sul jumper JP10.

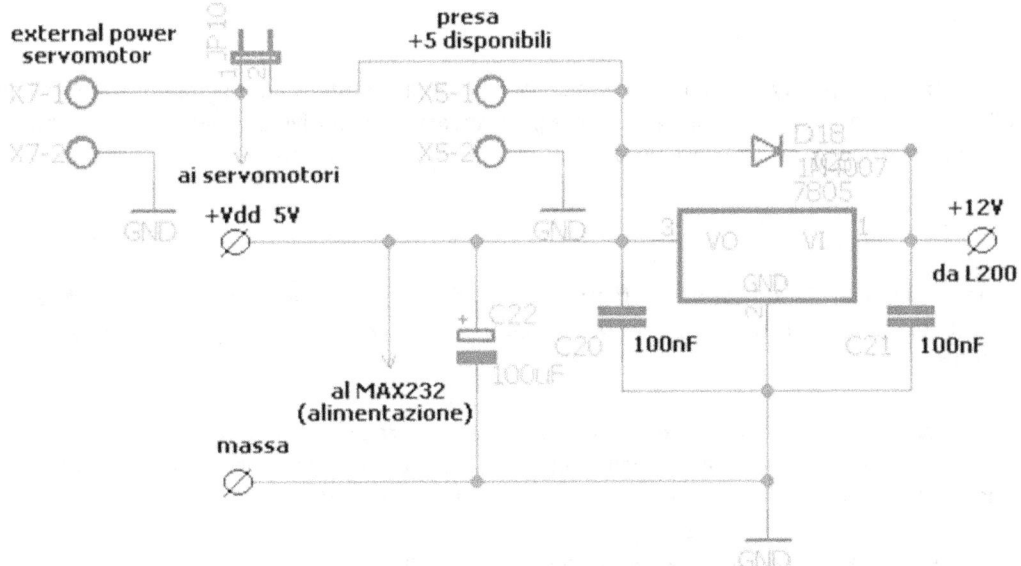

Il morsetto X7 e' impiegato per applicare dall'esterno una tensione robusta ai servomotori quando questi siano piuttosto numerosi, ma nel caso si volesse impiegarne uno solo o si stesse adoperando lo smart controller solo per prove al banco allora si potrà sfruttare la tensione proveniente dallo stesso regolatore 7805 (anche se sconsigliato) chiudendo il jumper J10.

Il morsetto X5 da invece la possibilità di sfruttare la sorgente interna, rappresentata dal 7805, per portare i 5volt a sensori disposti al bordo macchina. Anche questa possibilità va sfruttata con attenzione dato che lo stesso regolatore va ad energizzare il microcontroller. Come è evidente dallo schema al morsetto X5-1 abbiamo i +5V, mentre X5-2 è connesso alla massa, ovvero gli zero volt.

L'alimentazione esterna dei servomotori ha il +5V sul morsetto X7-1, mentre X7-2 e' ancora la massa.

Sezione PWM hardware:

Il progetto permette di regolare la velocità dei motori in due maniere.

- software
- hardware

La prima maniera consiste nello sfruttare i canali PWM integrati nell'architettura del PIC con il vantaggio di poter effettuare la regolazione in funzione della risposta da parte del processo in campo oppure tramite una regolazione effettuata nell'interfaccia grafica a PC, Nella seconda maniera viene impostata la velocità agendo sui trimmer e si presume che non ci sia necessità di cambiamenti durante l'uso dell'automa.

Sarà l'applicazione che deciderà se usare uno o l'altro metodo.

Vediamo un po' di teoria a riguardo della tecnica PWM in sintesi e con chiarezza:

Sistema di controllo in PWM.

La tecnica PWM è impiegata per il controllo della velocità dei motori in continua, ad esempio del tipo con indotto a spazzole e collettore a lamelle ed eccitazione a magnete permanente. L'obbiettivo è quello di ridurre il numero dei giri senza perdita significativa di coppia utile all'albero.

Facciamo le seguenti considerazioni:

- La coppia istantanea "C" in Newton per metro è proporzionale alla tensione massima presente all'indotto.
- La velocità di rotazione dell'albero "n" in giri al minuto è proporzionale alla tensione media presente all'indotto.

La tecnica PWM (modulazione dell'ampiezza dell'impulso) è una maniera per presentare all'indotto una tensione di picco tipicamente come da dati di targa (a mio avviso anche di una qualche decina percentuale più alta) e nel contempo variare la tensione media presente al medesimo collegamento elettrico.

Da quanto detto si ha che si abbassa il numero di giri rispetto ai dati di targa ma rimane costante la coppia.

Operativamente vediamo come fare:

In appendice ho messo l'importante definizione di "**grandezza continua**" che vi invito ad andare a leggere ora. Secondo quella definizione un motore D.C. non disdegna nessun tipo di tensione continua per quanto fluttuante questa sia, anche se ovviamente qualche affetto c'è.

E' possibile perfino alimentare un motore D.C. con una tensione sinusoidale-raddrizzata semplicemente tramite un diodo di potenza applicato in serie ad una fase del secondario di un trasformatore. Farà male questa tensione al motore? Risposta: No ! non è nelle condizioni ottimali ma comunque funziona. La prima cosa che notiamo è una "perdita di giri" che dipenderà dal fattore di forma che solo nel caso di una sinusoide coincide con la radice quadrata di due.

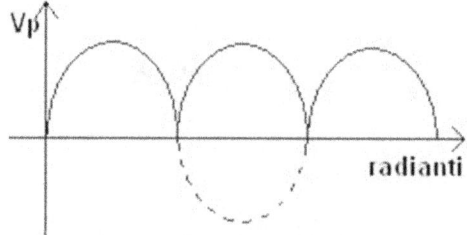

Alimentazione accettabile dal motore D.C. (pulsante a 100Hz)

Se il motore è in grado di accettare questa forma d'onda, diciamo "inusuale" per la sua destinazione costruttiva a maggior ragione potrà accettare un'alimentazione ad onda quadra (vedi appendice).

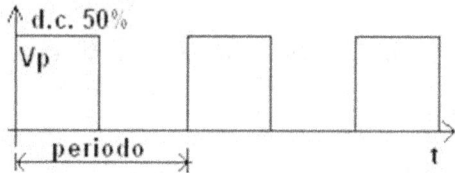

Analizziamo un solo periodo di questa forma d'onda: Come vediamo agevolmente dal disegno la tensione di picco è pari alla parte stazionaria alta nel semiperiodo. La tensione media, ottenuta campionando il segnale alla frequenza minima ammessa dalla regola di shannon,(vedi appendice) risulta pari a Vp mezzi.

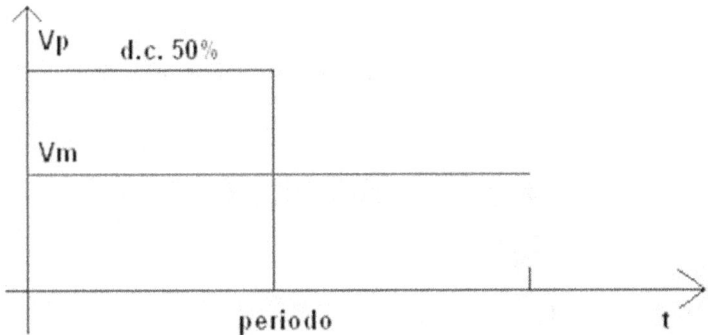

I nostri nonni, nel veneto, avrebbero enunciato questo teorema dicendo "un alto e un basso fa un gualivo" che in effetti, nel nostro dialetto rende benissimo l'idea.

Scherzi a parte, proviamo ad immaginare l'effetto della degenerazione dell'onda quadra in onda rettangolare, ovvero di una variazione del duty cycle.

Se spostiamo avanti il fronte di discesa, tenendo costante la lunghezza del periodo, la tensione media sale di una quantità proporzionale, vedi figura

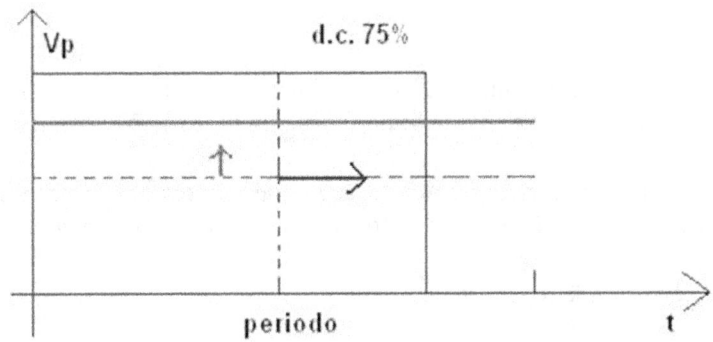

Se la spostiamo all'indietro scende di una medesima quantità proporzionale, vedi figura.

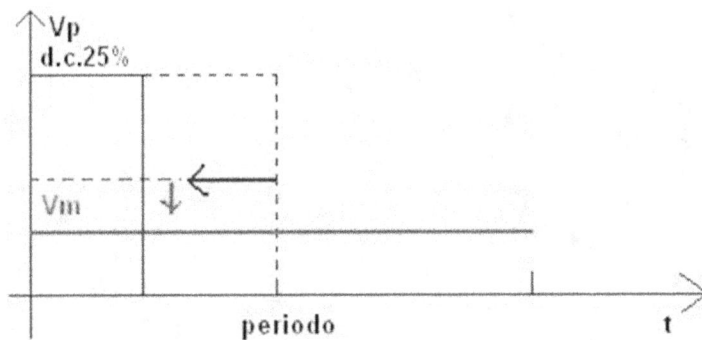

In definitiva spostando avanti il fronte di salita il motore aumenta il numero dei giri dell'asse, se lo spostiamo indietro diminuisce il numero di giri all'asse, ma la coppia rimane costante perché il valore massimo della tensione all'indotto non è cambiata. Rimane il problema di come spostare questo fronte di discesa tramite un circuito elettronico.

Oggigiorno il problema è semplice quasi banale dato che esistono una quantità infinita di circuiti integrati dedicati al PWM, ma essendo questo un tutorial di taglio elettronico vorrei fare ragionare i lettori sulla costruzione manuale di questa forma d'onda.

Alcuni calcoli fondamentali.

Con riferimento allo schema elettrico visibile più avanti, La frequenza di oscillazione è data dalla formula f=1/T dove con T si indica il periodo [s]

Il periodo T vale 0,693*(R1+2*R2).

Il tempo in cui l'uscita è attiva vale Ton= 0,693*(R1+R2)*C1

Il tempo in cui l'uscita e spenta vale Toff=0,693*(R2)*C1

Il rapporto tra il tempo in cui l'uscita è alta e quello totale del periodo è il ciclo utile pari a D=T1/T

Online è possibile trovare degli abachi che permettono il calcolo della frequenza di oscillazione del multivibratore astabile eseguito nella modalità che ho descritto, ovvero che suggeriscono il corretto valore di R1,R2, C1 in base alla frequenza che si desidera ottenere.

Consiglio i volenterosi ad inserire le formule soprascritte in un foglio excell e auto costruirsi questo abaco.

La generazione del segnale PWM, utile come regolatore della potenza trasmessa, è ottenibile come variante di questa soluzione circuitale.

Si tratta di mantenere costante il periodo T (inverso del frequenza) e dare la possibilità a un controllo manuale di variare il latch alto rispetto a quello basso, ovvero quello normalmente conosciuto come ciclo utile (D.C. duty cycle).

Il trucco consiste nel costringere le correnti di carica e scarica del condensatore C1 a transitare in porzioni di resistenza variabile diversa e manualmente regolata. Tale trucco si attua inserendo due diodi 1N4148.

Ecco come diversificare i percorsi di carica e scarica della capacità:

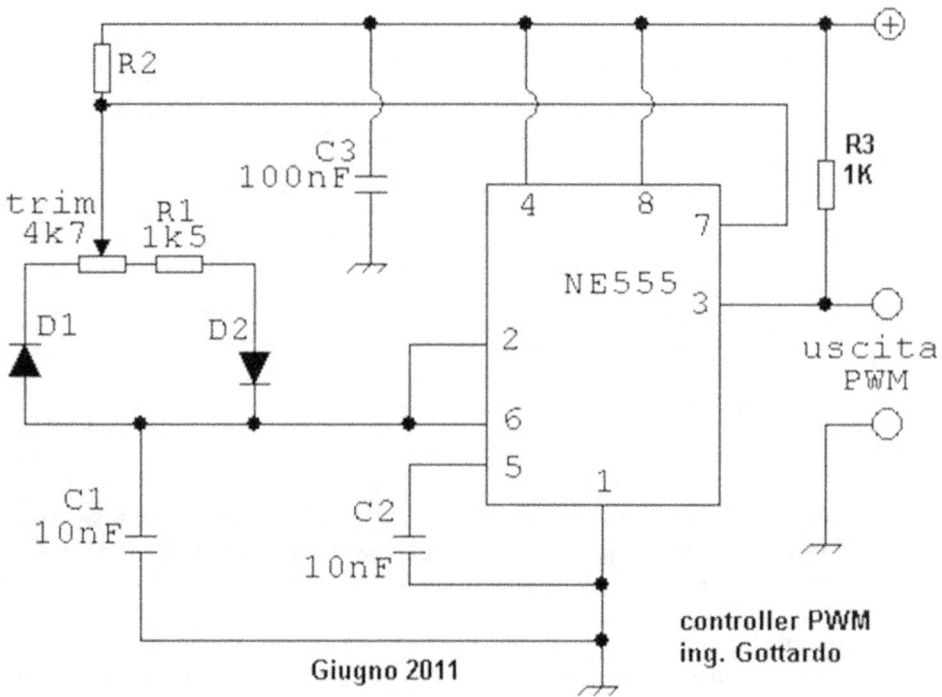

La fase di carica, internamente soggetta alle comparazioni con le due soglie 1/3Vcc e 2/3 Vcc, avviene nella maglia R1+R2 a cui si aggiunge la porzione di trimmer inserita. Si giunge al condensatore C1 tramite il diodo D2, l'altro ramo risulta interdetto a causa del diodo D1 in contro polarizzazione. Nella fase di scarica si interdice D2 e va in conduzione diretta D1 che permette la scarica tramite la porzione inserita del trimmer (anche nulla) attraverso il pin 7 dietro a cui abbiamo visto esserci il BHT, npn interno al chip comunemente chiamato discharge. Anche se non e' proprio vero il periodo è pressoché' costante (all'oscilloscopio noterete delle piccole variazioni).

Rimane il problema della frequenza di risonanza dell'eventuale motore DC collegato, questa e' specifica del motore in uso e andrebbe chiesta al costruttore perché le misure e i calcoli da farsi non sono semplici.

Tipicamente tra i 12 e i 22 Khz si ha una buona resa.

Empiricamente si ha una frequenza accettabile quando il motore non emette strani ronzii e fischi.

Quasi certamente si cade in errore nelle frequenze foniche attorno al chilohertz.

Esistono due blocchi hardware identici, uno per la regolazione della ruota motrice principale destra e uno per la sinistra.

La sezione PWM hardware è basata sulla modulo di controllo PWM presentato in un precedente capitolo di "Let's GO PIC !!!" dato che il circuito risulta ottimale non si sono portate variazioni o migliorie. La realizzazione è sviluppata sulla base del timer NE555. Per i motori che normalmente impiego (motoriduttori DC a 24V, oppure a 36VDC), la frequenza ottimale di funzionamento è di 22Khz. Per approfondimenti sul funzionamento del Timer NE555 usato come generatore PWM si rimanda al capitolo ottavo del tutorial.

Nella prossima immagine vediamo una delle sezioni gemelle realizzate in Eagle e integrate nello smart controller.

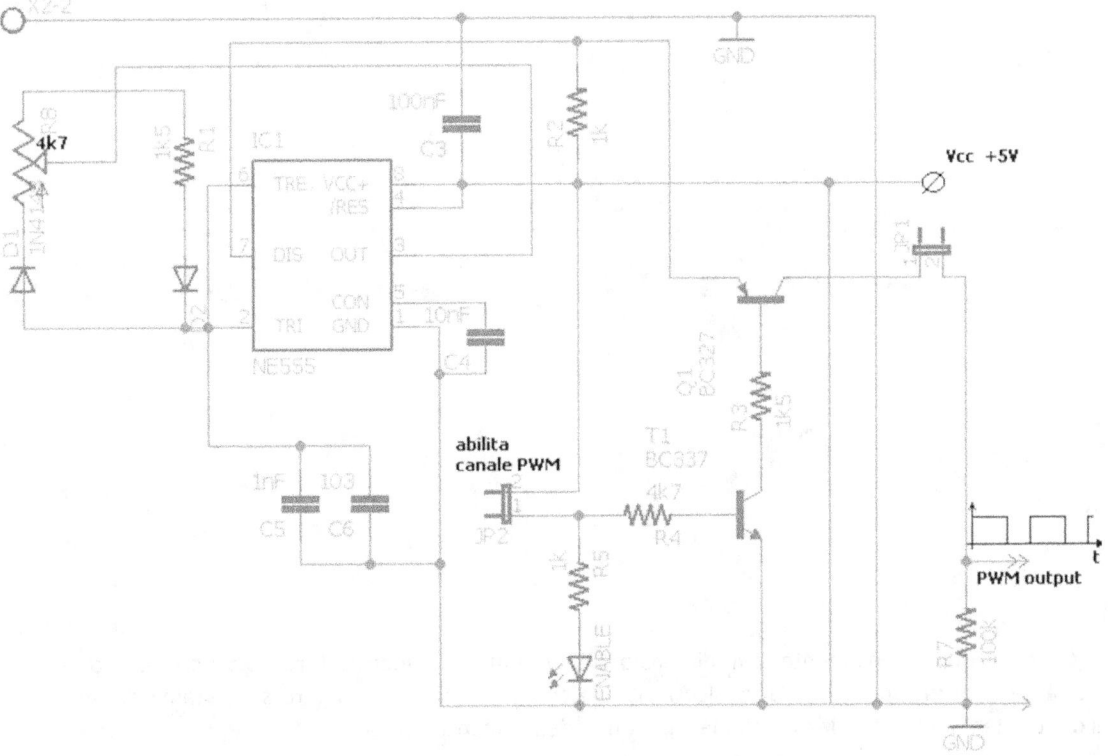

Focalizziamo l'attenzione sui jumper JP2 e JP1. Questi sono stati introdotti per rendere possibile in bypass del sistema hardware consentendo il controllo direttamente dalla sezione Micro-GT mini integrata. Tale controllo può avvenire su due livelli:

- Completamente hardware
- Ibrido hardware-microcontroller

Il controllo hardware è delegato alla generazione pwm tramite i timer NE555 quando il jumper JP2 è chiuso. In queste condizioni vedremo accendersi il LED "ENABLE" che consente al segnale PWM di arrivare fino al jumper JP1. Se quest'ultimo risulta chiuso il motore viene portato al gate del Mosfet di potenza abilitando il ponte H. Le ruote del Rover comunque non si muoveranno a meno che non sia portato il segnale TTL di controllo ai BJT di controllo delle bobine dei relè come vedremo nella prossima sezione.

Nel controllo ibrido sarà invece possibile generare il pwm internamente al PIC e farlo entrare in vari punti della catena di pilotaggio del gate del mosfet tramite connessione con streep maschio-femmina. Il segnale pwm direttamente generato dal PIC potrà essere inserito al pin 2 del jumper JP1.

Sezione inversione di potenza:

Come possiamo notare dallo schema elettrico è possibile collegare due motori DC entrambi cin inversione di marcia e controllo di velocità in PWM, oppure 4 motori DC, in modalità marcia/arresto con la possibilità di controllare la velocità vincolandone due a due. Se questo fosse il caso a cui siamo interessati i 4 motori dovranno avere il morsetto negativo dell'indotto collegato ai morsetti a vite X1-1, X1-2, X3-1, X3-2, mentre i morsetti positivi dell'indotto andranno collegati tutti al medesimo morsetto a cui si porta la tensione di alimentazione di potenza, nello schema indica con la dicitura "fino a 33V DC).

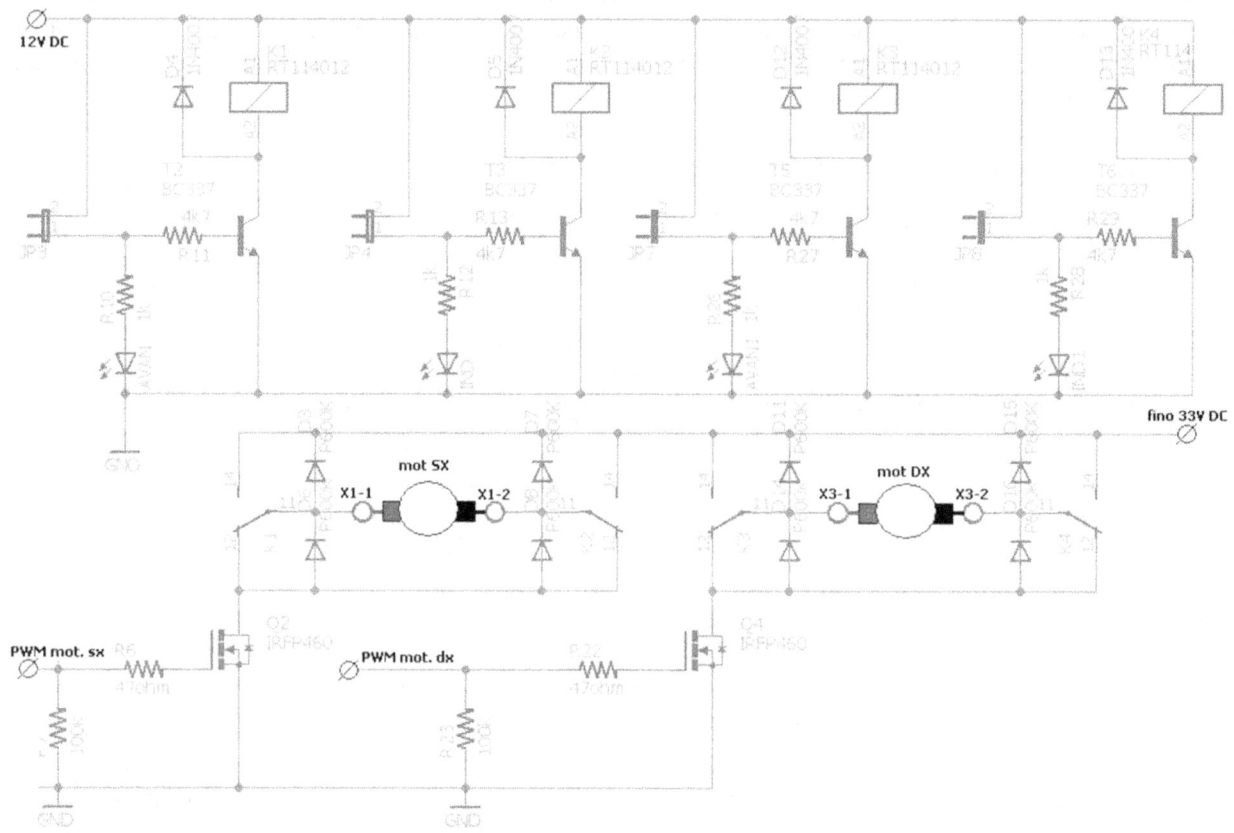

I Mosfet Q2 e Q4, sono ampiamente sovradimensionati, al punto che anche il fortuito blocco di uno dei rotori non comporta la loro rottura ma quella di qualcosa d'altro che potremmo aggiungere sul sistema di alimentazione di potenza oppure fare intervenire la protezione elettronica dell'alimentatore per extra corrente.

In ogni punto in cui possa essere presente una extra tensione induttiva è presente un diodo di ricircolo, ma mentre nelle bobine dei relè è sufficiente, nel nostro caso, un 1N4007, la protezione dei contatti in cui è presente il segnale PWM va affidata a qualcosa di più robusto e veloce, ad esempio gli schottky P600K o equivalenti.

Il collo di bottiglia rimane il contatto dei relè che comunque in modelli con zoccolatura compatibile potrà arrivare anche a 20°.

Un singolo canale con inversione è riproposto nel progetto PWM power inverter che potrà essere usato come shield di potenza per aumentare il numero dei motori controllabili.

Sezione di comunicazione.

La sezione integrata nativa di comunicazione per questa scheda è basata su MAX232 e quindi pensata per una comunicazione seriale standard EIA-RS232C. Troviamo a bordo la porta COM tipo Cannon sub miniature a 9 pin femmina. L'interfaccia tra l'USART integrato nel PIC 16F876A e questa porta COM è il classico traslatore di livello della maxim di cui si è parlato nel precedente articolo sulla nuova scheda Micro-GT 18 mini. Lo schema elettrico dell'interfaccia è la medesima ed è mostrato qui sotto.

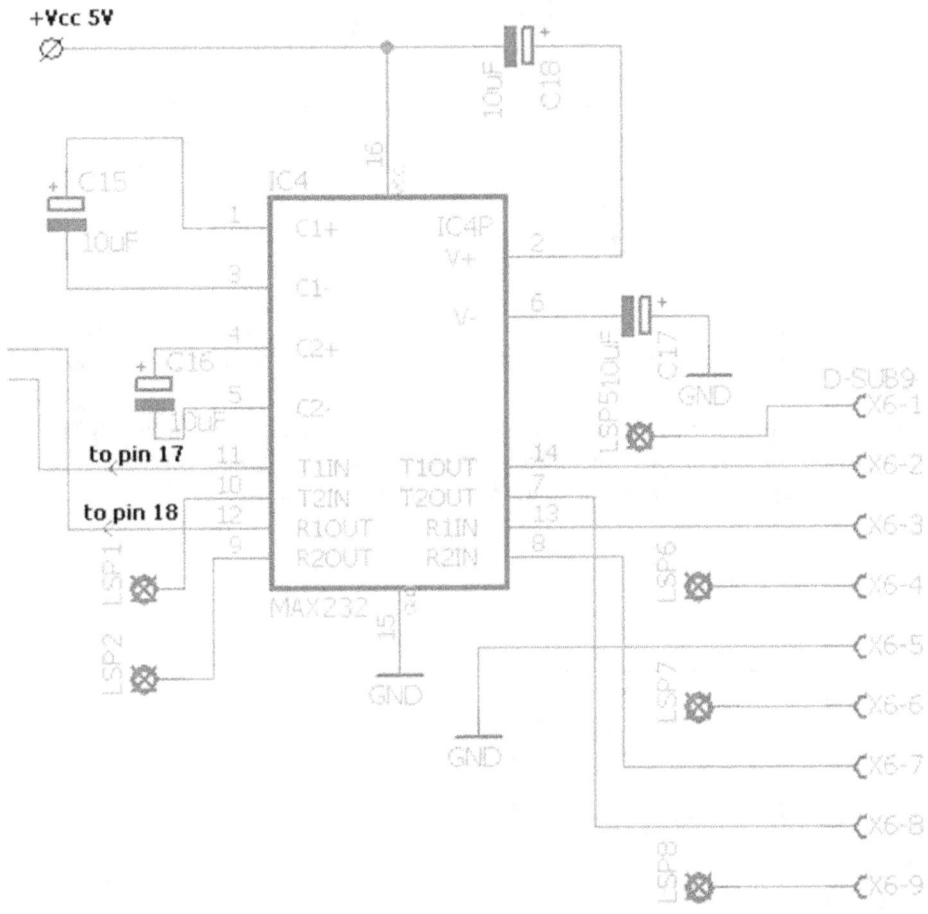

Va considerato che nello zoccolo possiamo ospitare il chip **PIC18F2550**, e quindi possiamo optare per il collegamento della porta seriale sopra mostrata oppure della porta USB. In questo caso dobbiamo predisporre il circuito con semplici aggiunte che non comportano delle modifiche alle piste.

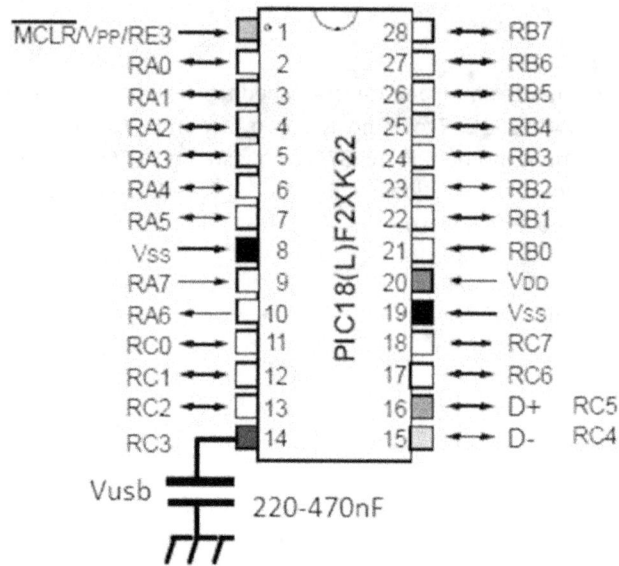

Sul pin 14 del PIC dovremmo collegare un condensatore ceramico di valore compreso tra 470nF e 220nF affinché' possa stabilizzare il generatore a 3,3V interno essenziale per il funzionamento della periferica USB.

I pin 15 e 16, che corrispondono rispettivamente a RC4 e RC5, saranno sacrificati come I/O digitale perché impegnati come linee D+ e D- della porta USB. E' bene inserire delle resistenze di limitazione di basso valore, qui proposte e testate e 27 ohm, in modo da proteggere la porta da eventuali picchi di corrente.

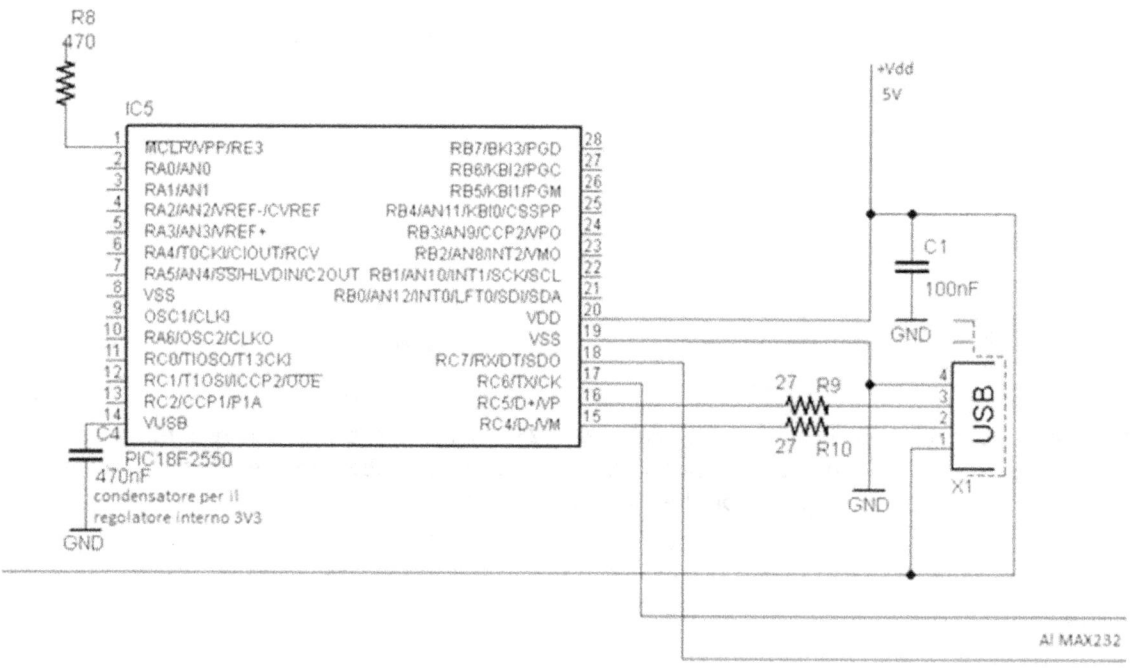

Lo schema elettrico mostra il pinout del PIC e della porta USB con in mezzo le resistenze da 27 ohm.

Nella successiva immagine vediamo dove inserire la capacità Vusb, non indicata nella serigrafia, e dove portare i due fili D+ e D- provenienti dalla porta USB tenuta volante e ai cui pin siano state collegate le due resistenza da 27 Ohm.

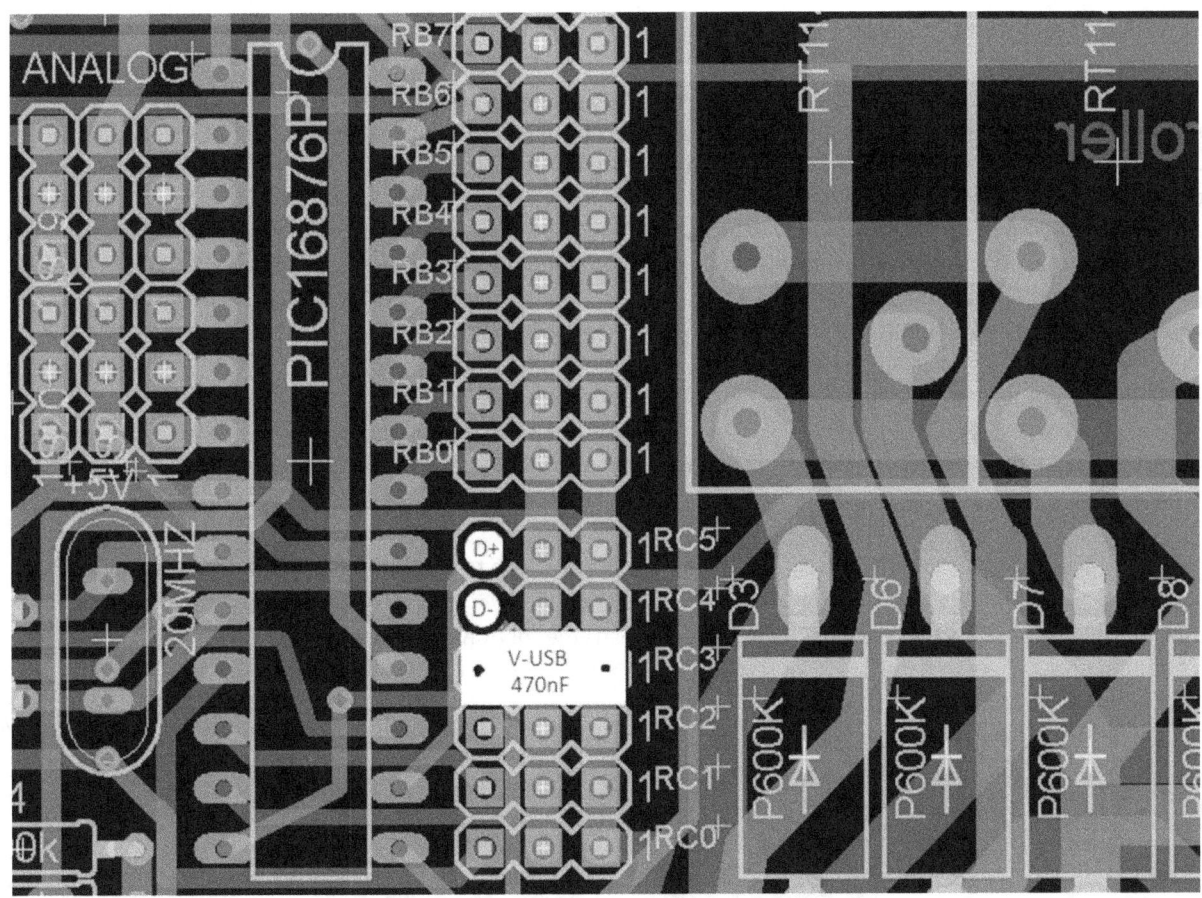

Il rettangolo bianco rappresenta il condensatore mettendo in evidenza che la fila di pin indicati con 1 sono tutti a massa.

Ho testato con successo il valore di 220nF. Non si è notata alcuna differenza nel funzionamento della porta USB.

Per la soluzione a 18F2550 e porta USB è bene rifarsi all'articolo dell'utente "merco" di www.grix.it

http://www.grix.it/viewer.php?page=11997&bakto=%2F%3Ftab%3D0

Tra i post del suo articolo vi suggerisce, cosa che condivido, la lettura dei seguenti articoli. Riporto il post come lo troverete nel suo articolo:

 Utente Merco (www.grix.it)

Sulla spiegazioni dei protocolli, wikipedia è senz'altro la fonte più precisa:
SPI :http://it.wikipedia.org/wiki/Serial_Peripheral_Interface
I2C : http://en.wikipedia.org/wiki/I%C2%B2C
1 Wire: http://en.wikipedia.org/wiki/1-Wire
Sul protocollo USB HID la fonte più autorevole penso sia questa http://janaxelson.com/usb.htm.

Dello stesso autore consiglio anche la lettura di questo articolo:

http://www.grix.it/viewer.php?page=3030&bakto=%2Fshowpages.php%3Fshowdesc%3D1%26codesort%3D0%26boxt
ipo%3D0%26user%3Dmerco%26bakto%3D%2Findex.php

Sezione di controllo motori ausiliari.

La sezione di controllo motori ausiliari e' quella in grado di gestire la potenza maggiore della scheda infatti la limitazione in corrente sarà imposta solo dal tipo di Mosfet impiegato dato che le piste nel PCB sono ampiamente sovradimensionate. Gli IRFP sono disponibili in un'ampia gamma di versioni tutti in grado di trasferire potenze di anche di 280 e oltre watt operando nel prodotto tensione di interruzione per corrente drain surce. Va detto che in molti casi l'IRFP460 non sarà l'elemento più azzeccato dato che è in grado di interrompere ben 500V per una corrente di 20A. In applicazioni di robotica semovente, spesso alimentate a batteria le tensioni in gioco sono quelle sviluppate dagli accumulatori al piombo utilizzati. Nel caso normale avremo a che fare con 12V, se dovessimo avere una situazione particolare potremmo trovarci davanti a serie di due batterie, quindi 24V. Solo in casi particolari, in cui i motori DC dovessero essere particolarmente potenti, potrebbero essere a 48V, ma già e' una situazione un po estrema.

In queste situazioni di bassa tensione la corrente Drain-Surce aumenta notevolmente, cambiando la sigla del MOSFET di conseguenza.

Non sara' difficile trovare elementi in grado di portare più di 100A con tensioni interrompibili di, ad esempio, 70V.

In questo caso saremo tutelati anche da condizioni estreme di funzionamento del tipo il blocco delle ruote dell'automa.

Moriduttore a 12V prodotto dalla Servotrade con ottime prestazioni, basso consumo elevata coppia.

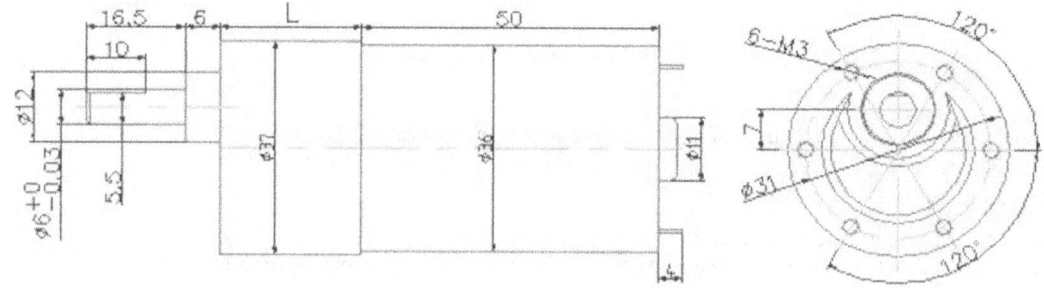

Per condizioni normali di funzionamento, in cui si usino dei motoriduttori di dimensione contenute, come quelli della foto sovrastante, potremmo attaccare ben 4 esemplari tenendo presente che il controllo di velocità funzionerà per coppie. in questo caso i morsetti saranno X4 e X9 per la prima coppia, ad esempio semiassi del lato destro del rover, e X10 con X8 per i semiassi del lato sinistro, vedi schema della sezione tra qualche riga.

Molto importanti per il "robottaro" sono le informazioni riguardanti la flangiatura (modalità di vincolo allo chassy) quindi le misure e le posizioni dei fori filettati e il diametro dell'asse, ovviamente fondamentali sono peso e misure totali dell'ingombro del motore.
Personalmente me li sono fatti assemblare dal costruttore "Servotrade" in modo che presenti all'asse 33 rpm dato che considero ottimale questa velocità per questa applicazione e come servomotore di potenza per le spalle e l'avanbraccio.

La targhetta dei motoriduttori DC riporta i seguenti dati:
casa costruttrice: Servotrade
nome prodotto: D.C. Motorgearbox
sigla identificativa assemblaggio: MG-S-3736-01-90 (definisce il rapporto di riduzione desiderato)
tensione di indotto: 12V
speed: 33 rpm
<u>**Le tabelle costruttive fornite dalla Servotrade definiscono per questa combinazione i seguenti valori:**</u>
Rapporto di riduzione: 1/90 (riferito alla velocità prescelta all'asse di 33 rpm)
coppia all'asse: 7Kg cm (notevole per un motore cosi piccolo)
corrente a vuoto: 0,2 A
corrente a carico: 0,7A (riferito alla coppia all'asse del dato precedente)

Ecco la tabella completa fornita dalla casa sulla quale basarci per fare assemblare il motoriduttore dimensionato sulle specifiche esigenze.

MODELLO	rapporto	1/6	1/10	1/17.5	1/30	1/50	1/90	1/160	1/270	1/470	1/810	Voltage (V DC)	Non-load Current (mA)	Loaded Current (mA)
	coppia [Kgcm]	0,8	1	1,5	2,5	4	7	12	20	20	20			
MG-S 3736-01	Velocità [rpm]	500	300	170	100	60	33	18	11	6	3,7	12	=200	=700
MG-S 3736-02	velocità [rpm]	750	450	250	150	90	50	28	16	9	5,5	12	=250	=1000
MG-S 3736-03	velocità [rpm]	1000	600	340	200	120	66	36	22	12	7,4	12	=350	=1300
MG-S 3736-04	velocità [rpm]	500	300	170	100	60	33	18	11	6	3,7	24	=120	=350
MG-S 3736-05	velocità [rpm]	750	450	250	150	90	50	28	16	9	5,5	24	=150	=500
MG-S 3736-06	velocità [rpm]	1000	600	340	200	120	66	36	22	12	7,4	24	=180	=700

Reduction Ratio	L (mm)
1/6~1/30	19.05
1/30~1/100	22.05
1/120~1/300	26
1/360~1/900	29

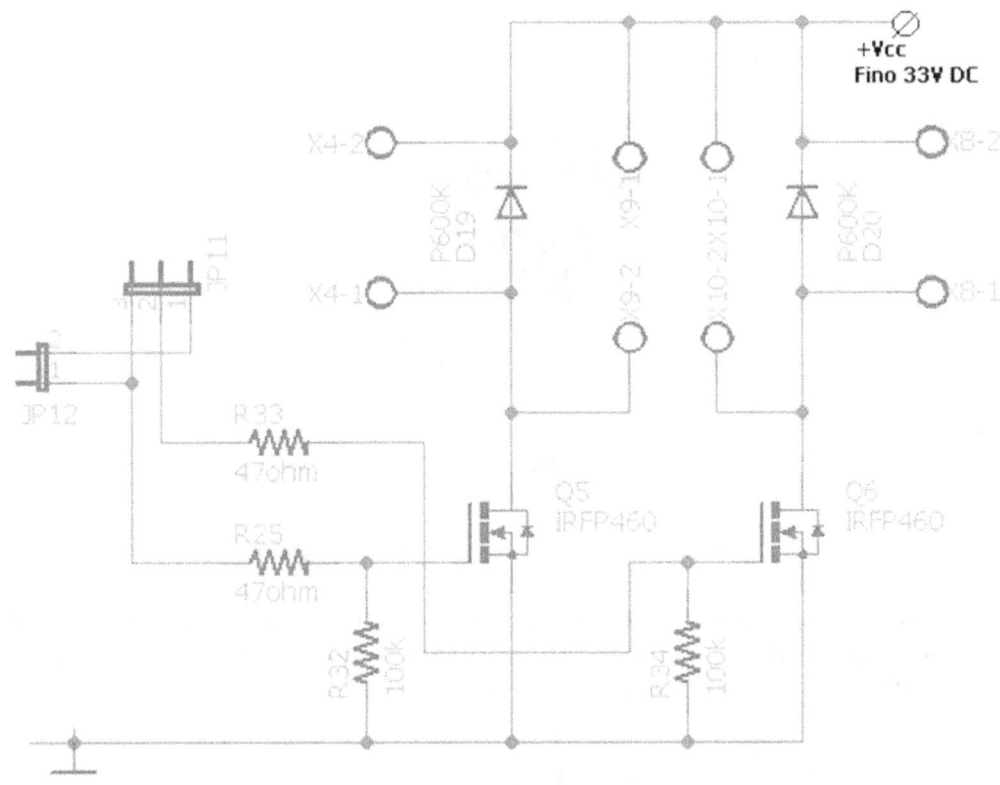

Osserviamo i morsetti X9-2 e X10-2. Questi permettono il collegamento in parallelo dei MOSFET quando tra questi venga effettuato un robusto ponte con filo di opportuna sezione. Un unico potente motore potrà essere collegato indifferentemente al morsetto 8, ad esempio con la spazzola positiva a X8-2 e quella negativa a X8-1, o analogamente al morsetto X4. I rimanenti morsetti vanno lasciati aperti. Va detto che questa situazione di funzionamento, per i piccoli Rover sarà un optional non utilizzato perché i motori saranno certamente più piccoli della dimensione di cui stiamo parlando ora. Predisponiamo comunque l'eventualità dato che questa scheda potrà trovare anche impieghi diversi. Un esempio potrà essere in potenti carrelli con operatore a bordo, o macchine operatrici di qualche genere.

Affinché il parallelo dei MOSFT possa essere controllato con un unico segnale PWM sarà necessario spostare il Jumper JP11 da 1-2 (modalità di controllo separata) a 2-3 modalità parallela dei MOSFET.

Attenzione, JP12 può trarre in inganno a causa della sua forma e potrebbe venire spontaneo chiuderlo con un ponticello per jumper. Se lo fate commettete un errore non distruttivo ma non succede nulla, nel senso che non arriva alcun segnale di comando ai gate. Il sistema e' progettato affinché in fase di sviluppo si possa portare in maniera separata ai PIN 1 e 2 i segnali provenienti da un qualsiasi pin del PIC. Se la connessione sarà poi definitiva dovrete prendervi cura di bloccare il cavetto oppure di effettuare un ponte definitivo ad esempio non montando il jumper i sfruttando i buchi predisposti per esso.

In qualche potrebbe essere utile sviluppare un comando a controllo manuale, ad esempio per pilotare in velocità dei nastri trasportatori tramite dei potenziometri posti nella console di bordo macchina. In questa situazione potrete anche non montare il microcontrollore e portare i due pin del JP12 alle uscite dei due canali PWM hardware, ovvero JP1 al pin 1 e analogamente all'altro canale ovvero JP5 pin 1. Sempre in caso di comando manuale potremmo bloccare la scheda in modalità senza consenso, ovvero chiudendo i jumper JP6 e JP2, oppure collegarci dei pulsanti, fine corsa o cose simili, in cui agendo si avvia il corrispondente motore.

Nella sostanza si può avere piena manovrabilità dei motori in senso di marcia e velocità anche bypassando il Micropic e agendo manualmente con opportuni controlli (pulsanti e potenziometri).

Detto questo la scheda si presta in maniera ottimale per la costruzione di piccole automobiline elettriche in cui può salire a bordo il vostro bambino e passarci delle belle ore. (negli anni 70 il mio carrellino andava a spinta !!!, la mia generazione non e' stata cosi' fortunata).

Il Mosfet IRFP 460 ha l'aspetto mostrato qua sotto:

TO-247AC

la piedinatura da sinistra è Gate, Drain, Surce.

Si deve fare attenzione all'isolamento del corpo del dispositivo rispetto alla superficie alettata per il raffreddamento benché il corpo di alcune versioni del TO-247 siano isolati. Consiglio comunque viti di plastica e miche isolati (o isolatori che potrete ricavare da un vecchio alimentatore ATX bruciato).

Scarica il data book del IRFP460: http://www.grix.it/UserFiles/ad.noctis/irfp460%281%29.pdf

Il Mosfet è un canale N, come si vede anche dal simbolo grafico, del tipo ad arricchimento. L'applicazione di una tensione tra Gate e Surce, nel databook consigliata tra 2,5 e 5 volt, comporta la creazione del canale conduttivo tra Drain e Surce, che nel funzionamento "tutto chiuso come un interruttore", ovvero canale completamente formato, garantisce (fonte databook) una resistenza residua tra il terminale centrale (Drain) e il terminale di destra (Surce) di 0,27Ohm. Questo valore è molto buono dal punto di vista della dissipazione che alla fine verrà dissipata, ma non è difficile trovare dei Mosfet con questo parametro residuo di un ordine di grandezza più basso. Il componente risulta quindi più freddo a parità di corrente che lo attraversa. Nel funzionamento impulsivo, come nel caso di controllo PWM la corrente può raggiungere anche gli 80 ampere.

Il problema delle correnti di Gate.

E' risaputo che i Mosfet sono controllati in tensione anziché in corrente come i BJT, tuttavia questa cosa non deve trarci in inganno e va ben distinto il funzionamento statico o quasi statico, in cui il gate é controllato con rari segnali di comando ON/OFF e quelli in cui un segnale di controllo, ad esempio un veloce PWM, fa assumere alle "armature" del gate un comportamento capacitivo rispetto al bulk. Alzando la frequenza dell'onda rettangolare compaiono due effetti "parassiti" rispetto alla normale funzione del componente. Il primo riguarda la necessità di drenare le cariche dal gate allo scopo di spegnere il dispositivo, il secondo e' una "conduzione" verso il bulk perché la capacità viene vista come una sorta di impedenza che permette il passaggio di una corrente lineare, o simil lineare.

Quando si e' in condizioni statiche o quasi statiche una resistenza al gate, pur sembrando inutile secondo la sola teoria elementare, aiuta molto al controllo della corrente di drenaggio, ovvero impedisce la scarica traumatica della capacità presente tra gate e bulk. Il problema ora diventa il presentarsi di una costante di tempo che non deve superare certi valori per non creare evidenti dissimmetrie tra il tempo di conduzione e interdizione del canale. Nello schema ultimo riportato, le resistenze R33 e R25 di basso valore, limitano l'impulso della corrente di gate durante la chiusura del canale Drain -> Surce, mentre le resistenze R32 e R34 limitano la scarica delle capacità verso massa ovvero permettono il drenaggio delle cariche che portano alla chiusura del canale e quindi allo spegnimento del MOSFET.

Questa tecnica è la più elementare e va bene nelle condizioni di potenza e frequenza gestite dal progetto dello Smart controller, ma in casi in cui ci siano da gestire potenze e frequenze più elevate e' bene documentarsi leggendo l'articolo di Driussi dell'università di Udine.

http://www.diegm.uniud.it/driussi/biografia/tesi/node37.html

Esistono specifici circuiti integrati, anche comuni, da utilizzarsi come driver dei gate dei Mosfet di potenza:

Immagine 3D del progetto

E' buona norma, in fase di prototipizzazione, realizzare un'immagine 3D della scheda elettronica, o almeno del solo PCB che si intende realizzare. Molti CAD hanno il tool integrato altri hanno bisogno del supporto di programmi esterni.

Il CAD Eagle, versione 6.3, necessita di alcuni accorgimenti che potrebbero risultare macchinosissimi a chi non ha molta esperienza.

Si procede installando un piccolo software chiamato Eagle3D. Si tratta di un programma piccolo e leggero che crea delle cartelle distinte dalle originali di Eagle tra le quali ne compare una che si chiama ULP.

Questa è del tutto simile a quella regolare di Eagle ma si raggiunge con un diverso percorso quando cliccherete su File e poi su run, come indicato in figura:

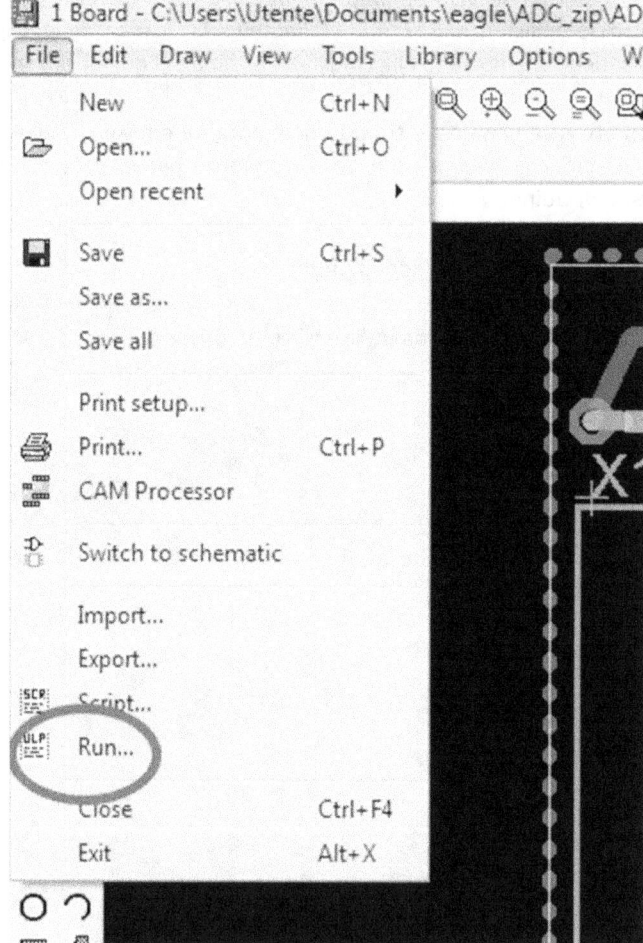

Quindi andiamo a cercare il ULP contenuto nella cartella ULP di Eagle3D.

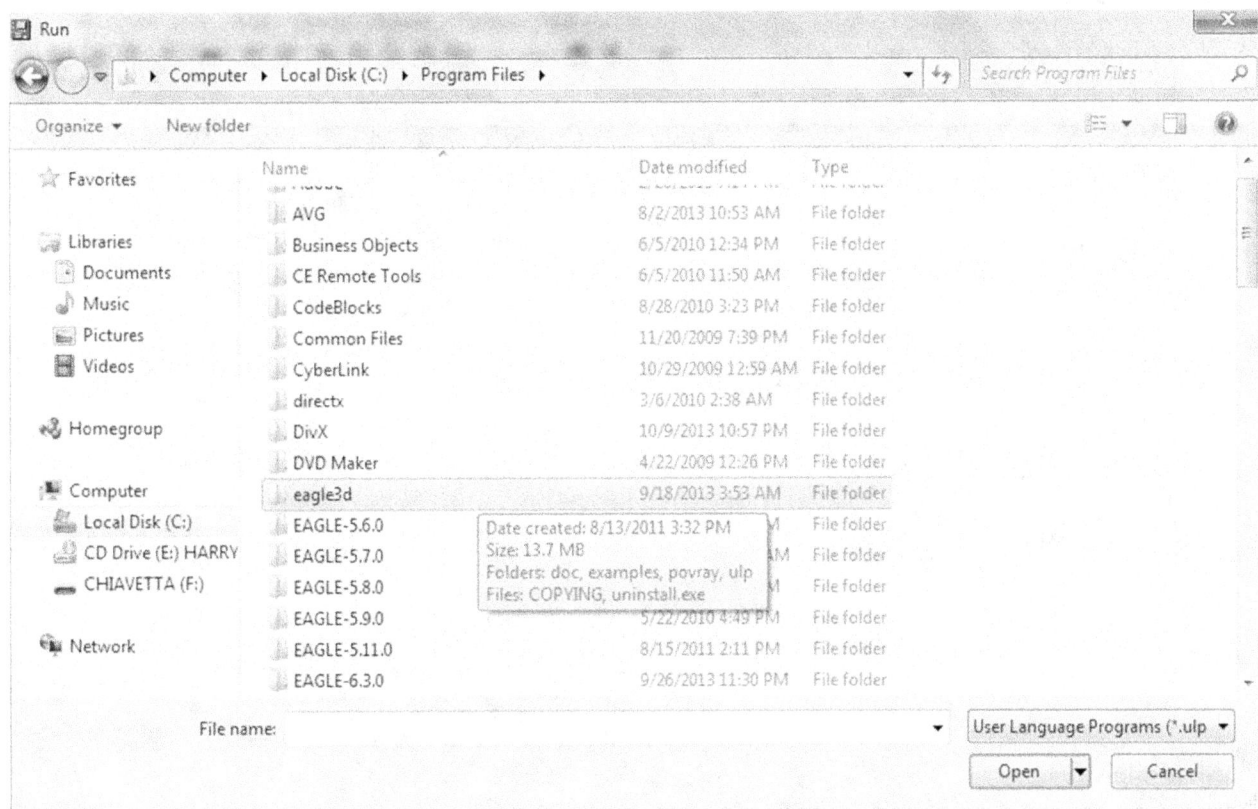

entrando in questa cartella selezioneremo la cartella ULP:

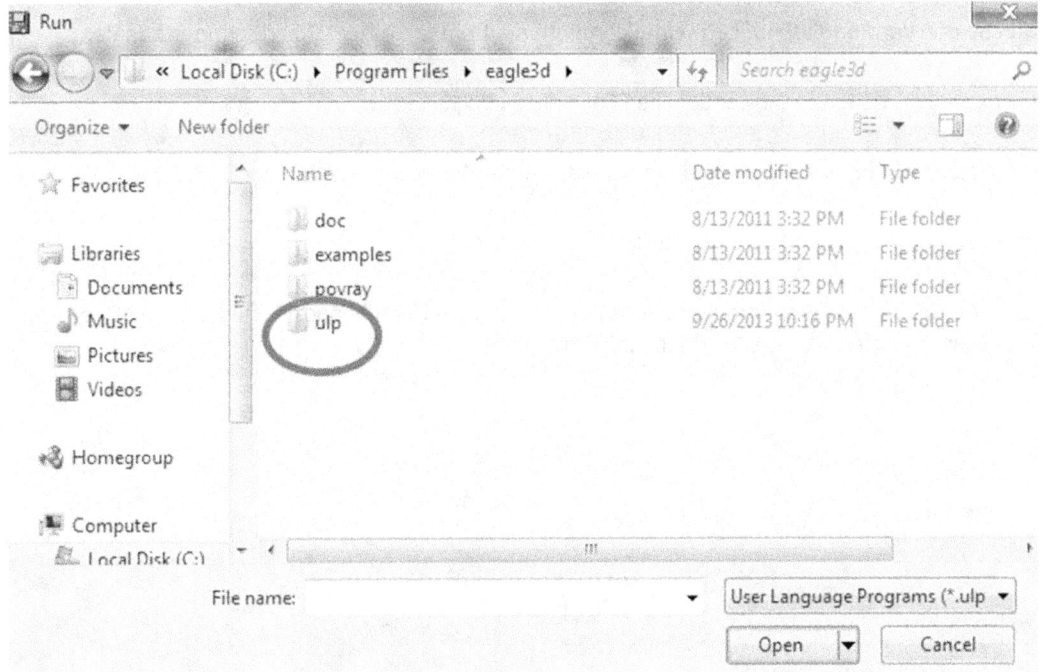

E quindi selezioniamo il file indicato in figura:

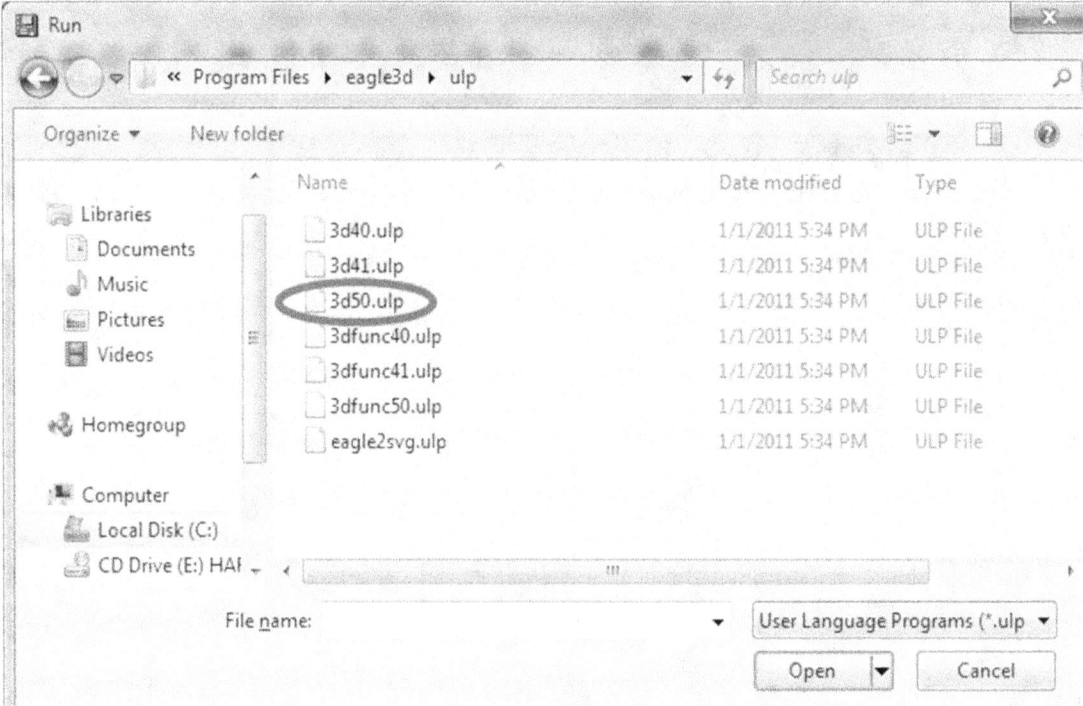

Si avvia una procedura che vi guida passo passo alla creazione del 3D. Vengono poste molte domande che hanno tutte lo scopo di identificare i componenti presenti nel vostro brd ed anche lo stato basilare di questi, ad esempio il colore dei LED, l'apertura o la chiusura dei jumper, il logo sopra agli integrati ecc ecc.

I componenti che non verranno identificati semplicemente risulteranno assenti nel disegno 3D finale.

Alla fine della procedura risponderà dicendo: File POV scritto con successo.

Per poter visualizzare il 3D dovete disporre di un software di rendering, ad esempio il POVRAY.

Si dovrà aprire con questo il file .pov creato dal tool eagle3D.exe

Se tutto va a buon fine, e non avete problemi di path in cui trovare i vari header di cui ha bisogno, posto il powray in RUN sarà creato un disegno come quello visibile qui sotto.

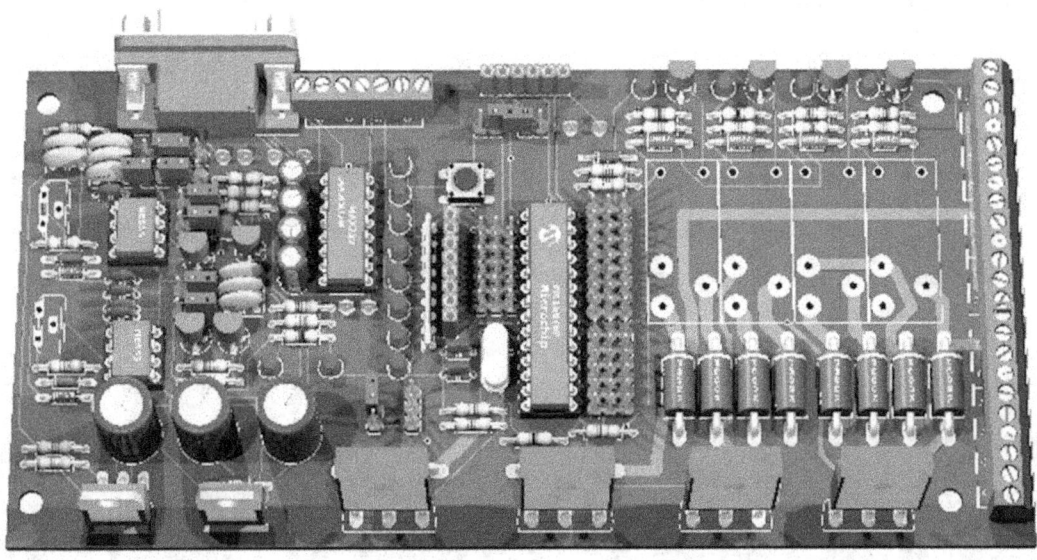

Con il Powray è possibile fare molto di più, ad esempio cambiare l'angolo di visione, mettere più punti luce, cambiare l'ambiente e lo sfondo, ma come prima esperienza consiglio di lasciare tutto di default.

Ultimamente anche il cad 3D gratuito di google, sketchup, può creare il 3D dei file di Eagle, con il vantaggio che si tratterà di un vero oggetto e non un'immagine e quindi la rotazione e' possibile in realtime.

scarica il google SketchUP

Il circuito stampato.

Una delle cose più impegnative, e che definisco in una certa maniera l'abilità del progettista del PCB è il layout. Questa fase e' piuttosto impegnativa perché non sempre una bella disposizione dei componenti è compatibile con le misure massime disponibili e con l'ordine delle sezioni che si vorrebbe tenere.

Gli strumenti di autorouting non spesso sono abbastanza potenti da risolvere qualsiasi tipo di percorso, ammesso che esista.

Un buon utilizzo dei piani di massa aiuta minimizzando i percorsi di ogni componente verso questa e fornendo anche una buona schermatura e altri vantaggi anche ecologici.

Va detto che un prodotto professionale va eseguito con materiali adatti, ad esempio il FR4 come e' il caso di questa scheda.

Per quanto riguarda lo spessore del supporto suggerisco le realizzazioni di potenza come questa di 1,6 mm.

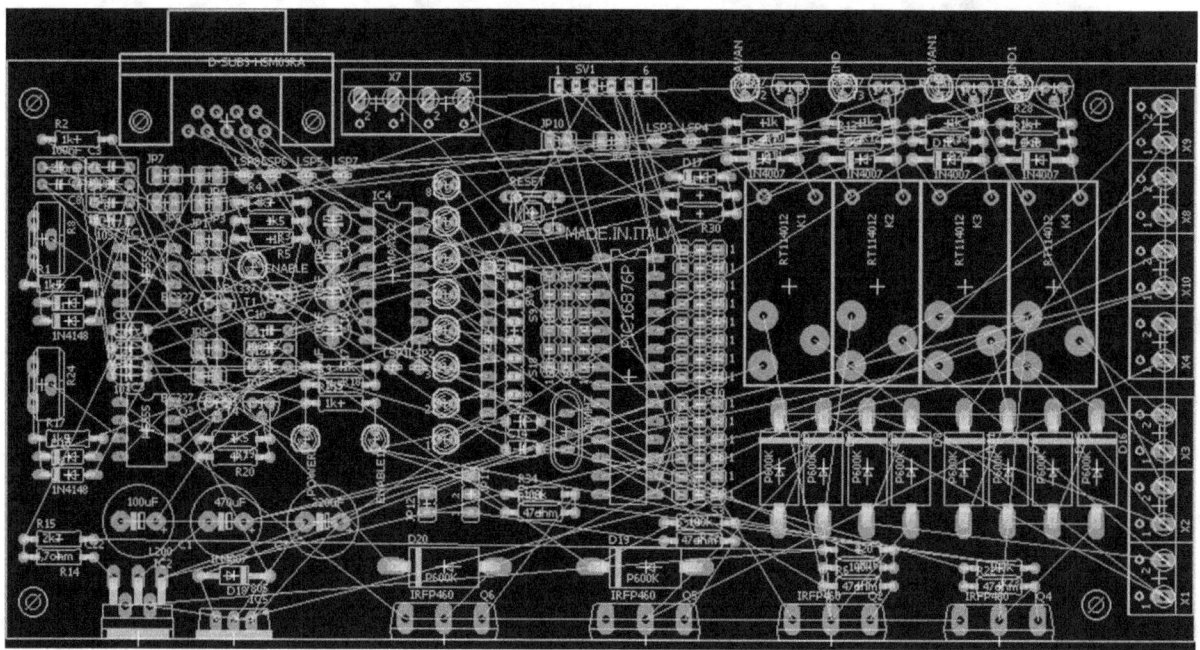

Prima dello sbroglio vediamo tutti gli airwire, o fili elastici, premendo su ratnest si vede una minimizzazione dei percorsi. Si è fatto in modo che i percorsi relativi alla potenza siano tutti disposti con percorsi minimi e in vicinanza dei morsetti.

Nel caso che la connessione tra il diodo D19 e il mosfet Q5 potesse sembrare un po debole si può rinforzare con un tratto di filo tra l'anodo e il terminale centrale del MOSFET. Ma sarà solo una precauzione perché la scheda è stata ben testata.

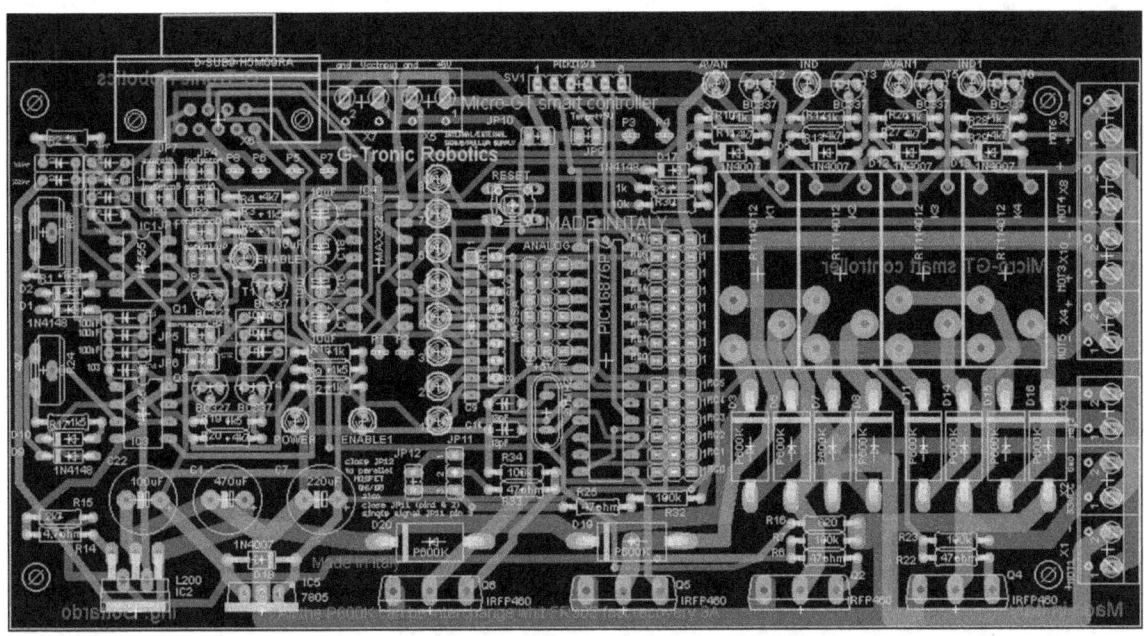

I piani utilizzati per la realizzazione sono due, il bottom layer (piano inferiore) visualizzato in blu, e il top layer (piano superiore), visualizzato in rosso. Gli altri piani visualizzati, e presenti sulla realizzazione sono il 25 e il 27 che mostrano i nomi dei componenti e il loro valore. Ovviamente è attivo un altro layer che mostra il footprint (impronta) dei componenti. Essenziale è anche il piano di taglio e fresatura, di solito è il 20 nel cad Eagle.

Per questa realizzazione è stato usata la versione 6.3.

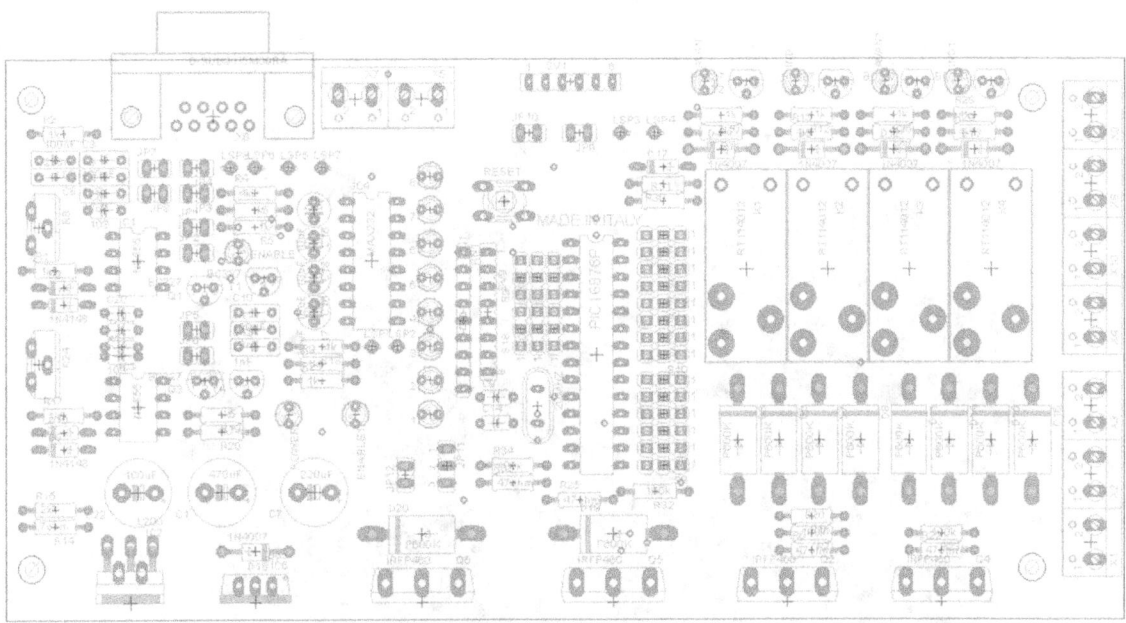

Layout componenti.

Sul lato sinistro del PIC si vedono tre file di pin header, di tipo maschio. Vanno usati a file di tre verticalmente rispetto al pin a cui quello più a destra è collegato. Questi sono pensati per ospitare direttamente i servomotori.

La fila centrale è l'alimentazione di potenza di tutti i servo motori. La fila più a destra è riferita alla massa.

Analogamente per i connettori collegati dal pin 2 al pin 6 del PIC, ma a questi possiamo togliere via firmaware il controllo dei servo e abilitare l'acquisizione dei canali analogici.

Uso degli ingressi digitali.

Per utilizzare gli ingressi come digitali è possibile usare i connettori sfruttando la vicinanza della Vdd. Tra la piazzola connessa la pin del PIC e la fila centrale saldiamo verticalmente una resistenza da 10K. Questa fungerà da pullUP.

Questa cosa è utile per il PORT C e il PORT A mentre per il PORT B, benché possibile, si consiglia di abilitare via firmware i pullup interni.

Una foto di insieme della scheda e del connettore pull-up chiarisce meglio la situazione.

Un robot del tipo a cui è destinata questa scheda di controllo può necessitare di molti ingressi da collegarsi agli apparati di comando e sensoriali. Se questi sono costituiti da semplice contatti on-off, o assimilabili, allora il collegamento potrà essere effettuato semplicemente collegando un capo del contatto a uno dei fili che vediamo partire dal connettore, ad esempio il giallo, e l'altro capo riferito alla massa della scheda.

Vediamo una foto presa da un'altra angolazione.

Assemblaggio e collaudi.

I componenti con cui si è deciso di progettare il circuito sono tutti PTH e i facile reperibilità. Come si vede dallo schema molti pezzi potranno essere sostituiti con pezzi di recupero, ad esempio usando i MOSFET recuperati da vecchi alimentatori ATX da PC ecc.

La lista dei componenti, direttamente esportata dal disegno Eagle, è scaricabile da questo link:

http://www.grix.it/UserFiles/ad.noctis/Micro-GT%20Smart%20controller_lista%20componenti.zip

Lista componenti:

Ref	Value		Ref	Value		
+5V	MA03-1		JP6	JP1		
1 to 8	LED 3MM		JP7	JP1		
20MHZ	QS		JP8	JP1		
AVAN	LED3MM		JP9	JP1		
AVAN1	LED3MM		JP10	JP1		
C1	470uF		JP11	JP2		
C2	100nF		JP12	JP1		
C3	100nF		K1	RT114012		
C4	10nF					
C5	1nF					
C6	103		K2	RT114012		
C7	220uF		K3	RT114012		
C8	220nF		K4	RT114012		
C9	18pF		MCU	PIC16876P		
C10	100nF		POWER	LED3MM		
C11	10nF		Q1	BC327	TO92	transistor-pnp
C12	1nF		Q2	IRFP460	TO247BV	transistor-power
C13	103		Q3	BC327	TO92	transistor-pnp
C14	18pF		Q4	IRFP460	TO247BV	transistor-power
C15	10uF		Q5	IRFP460	TO247BV	transistor-power
C16	10uF		Q6	IRFP460	TO247BV	transistor-power
C17	10uF		R1	1k5		
C18	10uF		R2	1k		
C19	100nF		R3	1k5		
C20	100nF		R4	4k7		
C21	100nF		R5	1k		
C22	100uF		R6	47ohm		
D1	1N4148		R7	100k		
D2			R8	4k7		
D3	P600K		R9	1k5		
D4	1N4007		R10	1k		
D5	1N4007		R11	4k7		
D6	P600K		R12	1k		
D7	P600K		R13	4k7		
D8	P600K		R14	4,7ohm		
D9	1N4148		R15	2k7		
D10			R16	820		
D11	P600K		R17	1k5		
D12	1N4007		R18	1k		
D13	1N4007		R19	1k5		
D14	P600K		R20	4k7		
D15	P600K		R21	1k		
D16	P600K		R22	47ohm		
D17	1N4148		R23	100k		
D18	1N4007		R24	4k7		
D19	P600K		R25	47ohm		
D20	P600K		R26	1k		
ENABLE	LED3MM		R27	4k7		
ENABLE1	LED3MM led (2.1 1.1)	R270	R28	1k		
			R29	4k7		
IC1	NE555		R30	10k		
IC2	L200		R31	1k		
IC3	NE555		R32	100k		
IC4	MAX232		R33	47ohm		
IC5	7805		R34	100k		
IND	LED3MM		RESET	B3F-10XX	switch-omron	
IND1	LED3MM		RN1	SIL9	resistor-sil	
JP1	JP1		T1	BC337		
JP2	JP1		T2	BC337		
JP3	JP1		T3	BC337		
JP4	JP1		T4	BC337		
JP5	JP1		T5	BC337		
			T6	BC337		

Il display LCD.
Lo smart controller è predisposto per poter essere collegato a un display LCD a riga di caratteri.
Ho predisposto il programma di base, scritto in hitech C che potrete modificare a vostro piacimento semplicemente inserendo le stringhe che vorrete visualizzare in funzione degli eventi.
Il codice sorgente è scaricabile da questo link che fa riferimento alle librerie Micro-GT dell'omonima community.
scarica la libreria LCD 2x16 per lo Smart controller -> http://www.gtronic.it/community/Librerie_Micro-GT.html
Il collegamento del Display è nella foto qui sotto.

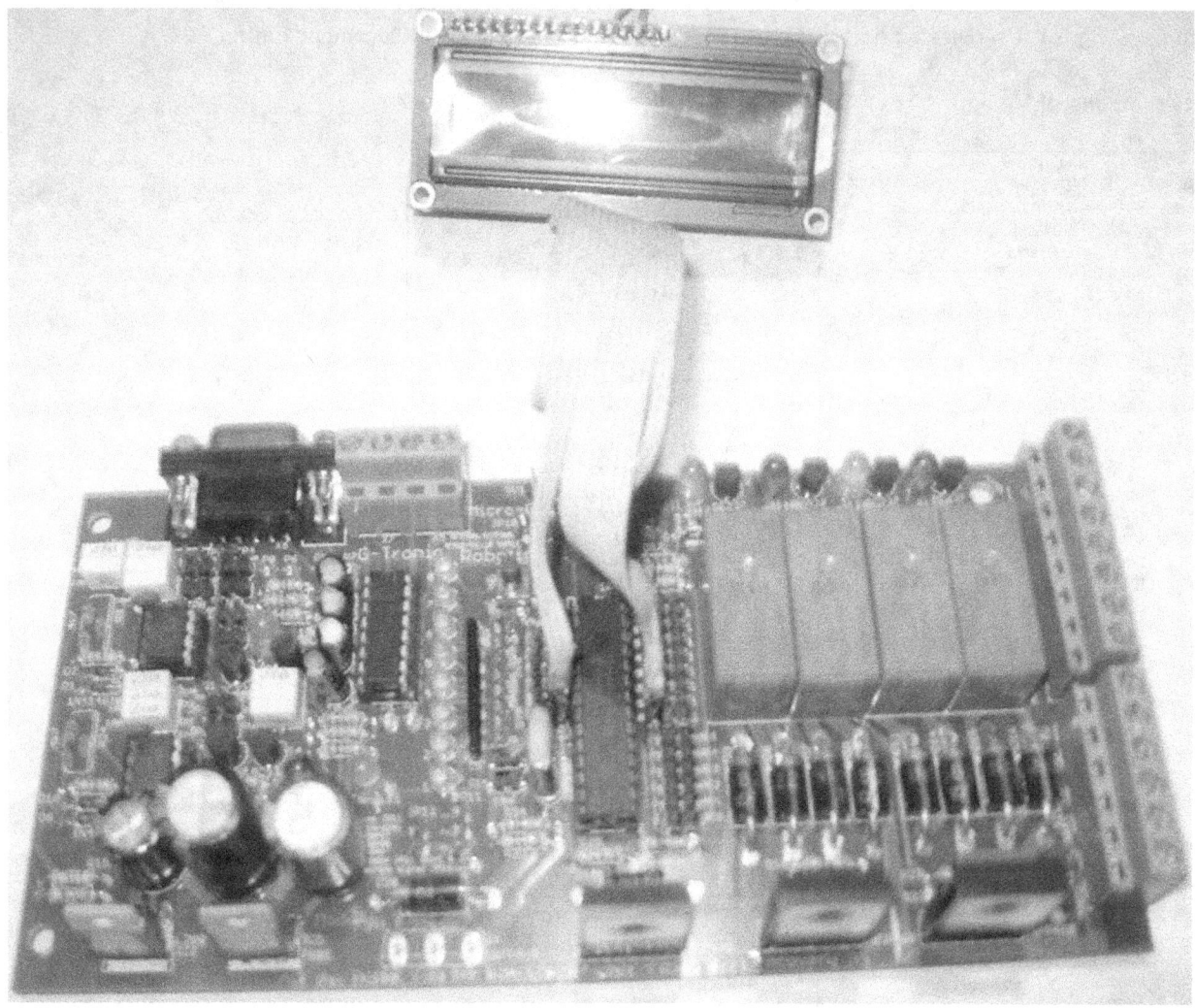

Va tenuto presente che la piedinatura di questo tipo di display è standard e segue lo schema sotto rappresentato.

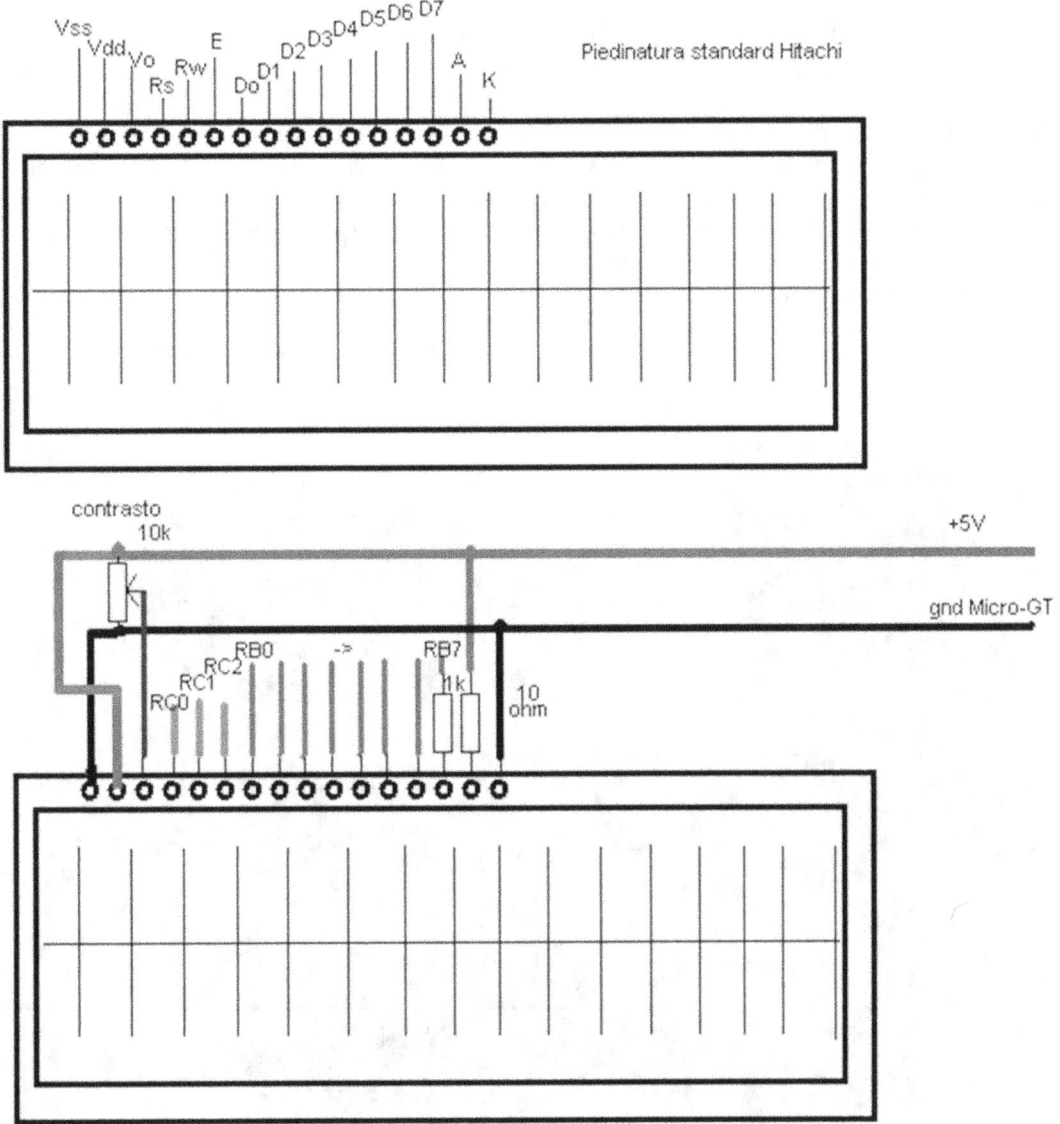

In questo esempio è riportato il controllo a 8 bit che in qualche caso potrebbe essere un pò troppo oneroso di risorse. Sarà l'utente finale a decidere se usare questo oppure la modalità a 4 linee. Si ricorda che in questo caso è meglio non lasciare flottanti le linee da D0 a D3 ma vincolarle alla massa.

Collegamento dei servomotori.

Le applicazioni di robotica semovente potrebbero richiedere, oltre al normale utilizzo dei motori di trazione, anche di alcuni asservimenti per uno o più bracci robot, o utensili di varia natura retraibili. Si rende necessaria la possibilità di installare dei servomotori.

Benché la scheda presenti ben 20 connettori per questi attuatori, e che in via teorica sia possibile l'installazione di un numero così elevato, nella pratica non lo faremo perché significa dovere rinunciare a altri punti di I/O sicuramente necessari ad altri scopi, ad esempio al controllo delle ruote di trazione.

Come già avveniva nella Micro-GT mini è possibile l'inserimento diretto delle spinette dei servo e di sfruttare un canale di alimentazione di potenza separata da quella della logica.

Nella foto vediamo un esempio di collegamento di 8 servomotori.

Vista d'insieme del Micro-GT Smart controller connesso ad alcuni dei servomotori collegabili ai PORT.

Interfaccia di controllo da PC.
E' stata sviluppata per la Micro-GT mini, e compatibile con lo Smart Controller un'interfaccia in dotnet per il controllo via PC dei servomotori.
Questa è liberamente scaricabile dal link ->
http://www.gtronic.it/energiaingioco/it/scienza/cap12_RobotHandV2_file/RobotHand V2 setup package.zip.

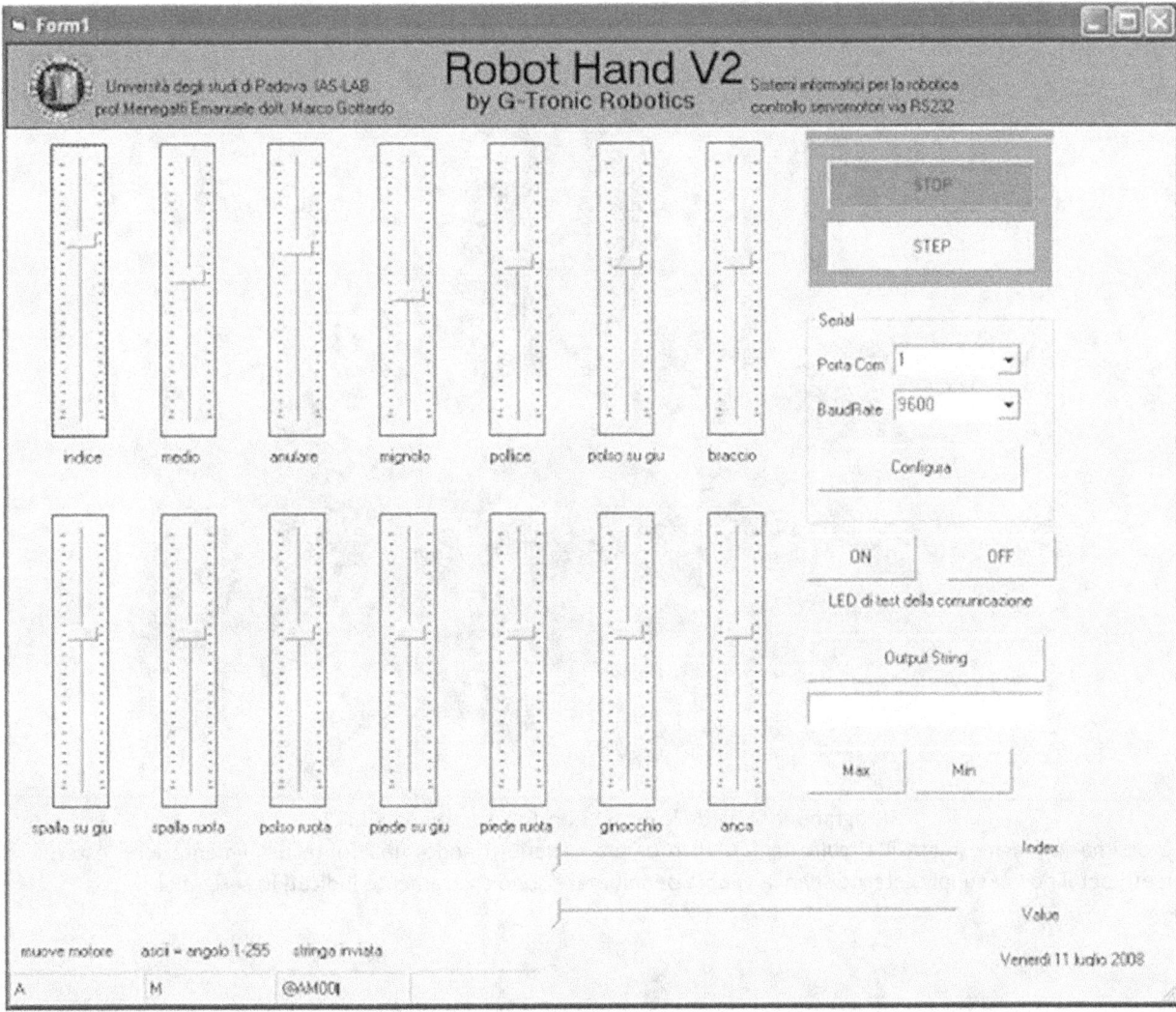

La versione in Visual basic 6 si può scaricare da qui ->
http://www.gtronic.it/energiaingioco/it/scienza/tesina robothand V2/motorcontrol VB6 final.zip

Una versione più aggiornata della stessa interfaccia è stata elaborata dell'ing. Alejandro Gatto ma essendone diventato lui l'autore se la volete gliela dovete chiedere. Il suo indirizzo mail è agattoc@gmail.com

Chiunque volesse partecipare all'evoluzione di questo progetto software farebbe una cosa gradita se lo pubblicasse nella comunity Micro-GT. potete contattarmi alla mia mail ad.noctis@gmail.com

Da questo link scarica il programma per PIC16F876A con quarzo a 20 Mhz ->
http://www.gtronic.it/energiaingioco/it/scienza/cap12_RobotHandV2_file/RobotHandV2_%2820Mhz%29.zip

La programmazione del PIC
Vi sono varie maniere per flaschare il PIC a bordo dello Smart Controller, ma le principali sono:

1. Tramite collegamento del connettore ICSP onboard a uno dei due ICSP della Micro-GT versatile I.D.E.
2. Collegandosi direttamente al PICKIT2/3 prodotti dalla Microchip.
3. Usando la porta RS232 e un bootloader preinserito nel PIC

Nel primo caso potremmo usare il PICPROG2009 come software di caricamento che riconoscerà facilmente lo smart controller.

Nel secondo caso l'interfacciamento è diretto tramite il connettore strip line maschio a 6 vie indicato con SV1. I dispositivi PICKIT potranno essere inseriti direttamente anche a scheda spenta purché sia chiuso il jumper JP9.

Nel terzo caso si potrà procedere con due passi, il primo è l'inserimento del bootloader nel PIC usando lo zoccolo textool della Micro-GT versatile IDE, e successivamente usando il downloader software già presentato in una precedente edizione del corso.

Programmazione dello Smart Controller usando PICKIT3

La prossima immagine mota il circuito in fase di programmazione usando una fonte di alimentazione esterna. I morsetti per il power supply esterno sono la coppia penultima e sono chiaramente indicati in serigrafia.

Programmazione con alimentazione esterna.

Il firmware.

Forniamo ora un firmware che vi permetterà di testare lo Smart controller, ma che vi tornerà utile anche in molte occasioni.

Procuratevi e installate il Realpic simulator, dopo di che impostate due pulsanti su RD0 e RD1 con azione normal 1 e pressed zero.

Impostate un cursore analogico sul canale analogico AN0.

Impostate le sonde dell'oscilloscopio virtuale sulle uscite RC1 e RC2.

Il file rpp che troverete nel link di download sotto l'immagine si carica da solo le impostazione sopra dette ed inoltre carica il file hex che è stato preimpostato.

Non vi resta che premere il triangolo verde, che diventerà il pallino rosso visibile nell'immagine. Inizialmente non vedrete nulla quindi spostate il cursore per fare comparire l'azione PWM mostrata in giallo dalla prima sonda.

Analogamente agite sui pulsanti per fare comparire l'azione PWM con azione di aumento e diminuzione a impulsi digitali.

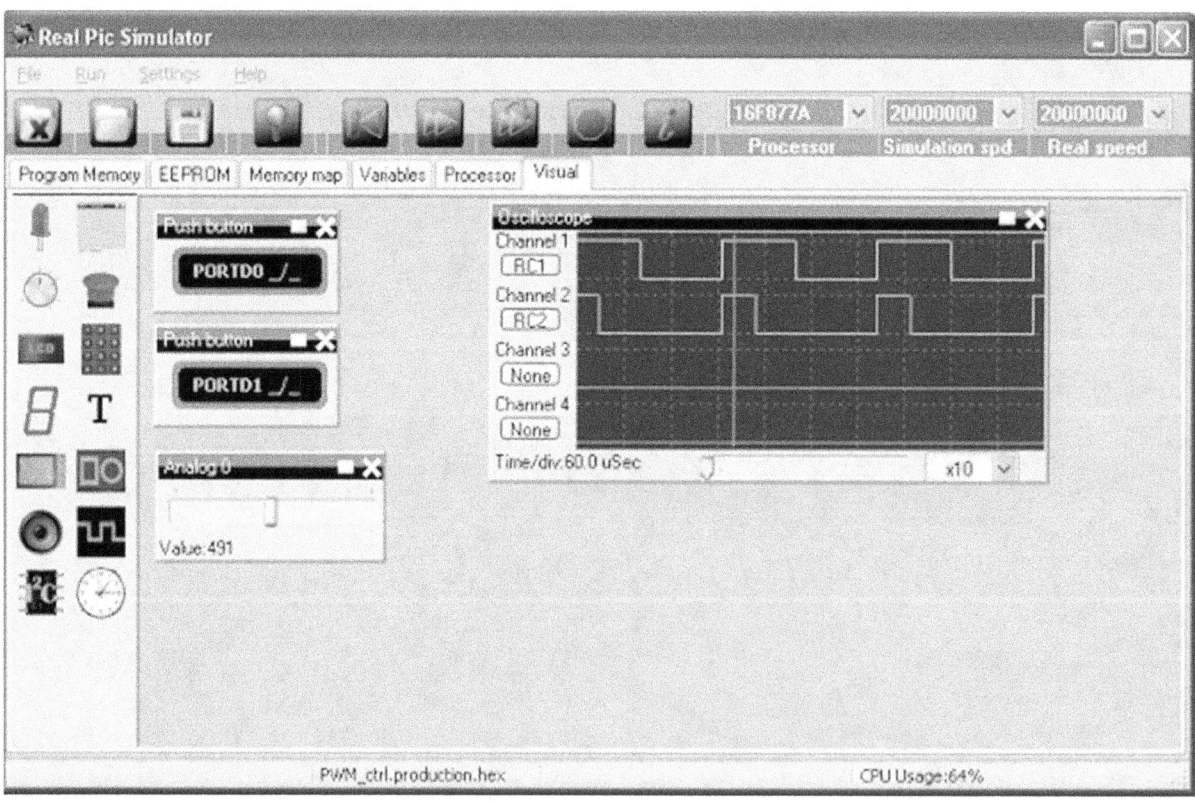

Scarica il file hex di test per il doppio canale PWM da analogico (potenziometro) o da due tasti aumenta e diminuisci

Download hex e file Realpic simulator :
http://www.grix.it/UserFiles/ad.noctis/Micro-GT%20Smart%20Controller%20PWM%20test.zip

Di certo avrete notato che il sistema di simulazione e di conseguenza l'hex che esegue è stato programmato per MCU 16F877a, ma non vi sarà difficile capire come farlo funzionare per 16F876A, analizzando i pezzi di sorgente che fornisco sulla community Micro-GT scaricando dal link -> http://www.gtronic.it/community/librerie/PWM_ctrl.zip

L'interfaccia software per la Micro-GT mini.

In passato è stata realizzata un'interfaccia in dotnet per il controllo dell'I/O digitale della Micro-GT mini. Date le molte analogie circuitali funzionerà perfettamente anche per il controllo via PC dello smart controller. Il progetto è stato curato dall'ing. Alejandro Gatto, il quale potrebbe rendersi disponibile per chi avesse bisogno di customizzare il programma sulle proprie esigenze.

Nell'immagine vediamo l'aspetto attuale dell'interfaccia.

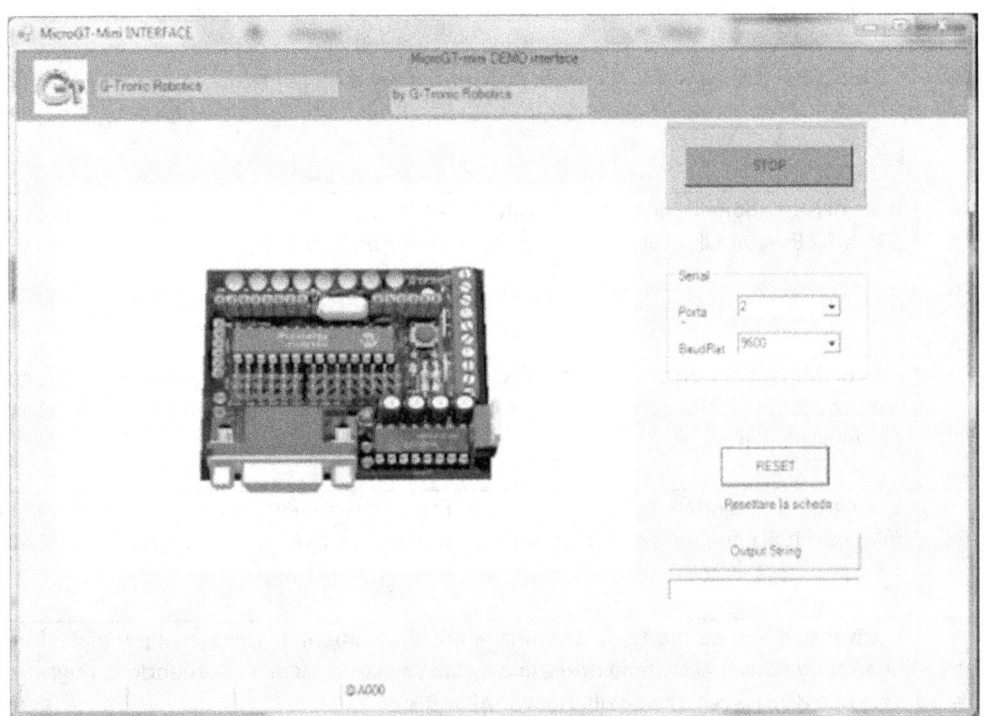

Scarica l'interfaccia e i sorgenti dotnet:
http://www.gtronic.it/community/cap11_direct_IO_file/microGTinterface_demo1.zip

Cliccando sui LED virtuali, a partire da sinistra, si ottiene l'attivazione delle uscite RB0 fino a RB7, ma e' possibile modificare sul sorgente scaricabile sia il numero di I/O controllabili che gli indirizzi di questi. In definitiva ogni pin del PIC è controllabile modificando opportunamente questa interfaccia messa gratuitamente a disposizione.

Per quanto riguarda i sorgenti, utili per la comunicazione seriale e per il controllo da PC, sono disponibili al link qui sotto che fa riferimento alla community Micro-GT.

http://www.gtronic.it/community/cap11_direct_IO.htm

Sarebbe molto gradito avere notizie delle varie modifiche e applicazioni pubblicate in questo sito www.grix.con ed avere l'autorizzazione di replicare l'articolo nella nascente community Micro-GT che si raggiunge in questo link:

http://www.gtronic.it/community/community.html

L'interfaccia in questione funziona bene anche sulle porte USB convertite in RS232 tramite gli opportuni ed economici adattatori/convertitori. Il test e' stato eseguito con diversi modelli, per citarne uno il Manhattan del costo di pochi euro.

Introduzione rapida alla programmazione dei PIC.

Esistono molti modi per programmare i PIC. Potremo scegliere quello più adatto alla proprie conoscenze. È possibile programmare in Pascal, in C, in assembly e perfino in ladder che è il linguaggio dei PLC.
Per chi inizia è consigliato l'uso del linguaggio C.
Esistono molte varianti del C per microcontrollori, ma è meglio usare quello adottato dalla casa costruttrice Microchip.
Scarichiamo dal sito la versione XC8 oppure la versione Hitech C.
Le versioni dovranno essere adatte ai PIC di tipo midrange, di cui fa parte il modello 876 A e 877 A.
Il linguaggio di programmazione è gestito da uno strumento software detto compilatore.
Il compilatore viene integrato in un altro strumento software detto IDE (ambiente di sviluppo integrato).
L'IDE ufficiale della Microchip è MPLAB disponibile nel sito web www.microchip.com
La versione attuale è la MPLAB X, sviluppata in java, che può funzionare su Windows, su Linux e su Mac OS.
L'ambiente di sviluppo sarà familiare a chi ha già programmato, in altri ambiti, usando eclipse.

MPLABX-v1.80-windows-installer.exe	Il file di istallazione da scaricare dal sito della MicroChip, nell'estate 2013, ha una dimensione di 335 MB. Eseguito il setup compariranno sul desktop 3 icone.
MPLAB X IDE v1.80	Esegue MPLAB X. Uno strumento software ci guida nella creazione di un nuovo progetto. Mette a disposizione l'editor comune, basato su eclipse, per il compilatore che intendiamo usare. Comunica con il PIC.
MPLAB IPE	L'Integrated Programming Environment (IPE) è uno strumento creato per inserire il programma (file .hex) nella memoria del PIC quando non si vuole usare quello integrato in MPLAB X.
MPLAB driver switcher	Il driver switcher permette di fare funzionare gli strumenti hardware su più piattaforme, adattando i driver al sistema operativo su cui vogliamo usarli e eseguendo la migrazione tra la versione 8.xx (vecchia) e quella nuova MPLAB X.

È possibile continuare a usare sia i programmi realizzati che il precedente compilatore Hitech senza aumentare le difficoltà tecniche.
È possibile importare un vecchio progetto MPLAB V8.xx oppure usare i suoi file principali per creare un nuovo progetto MPLAB X. In ogni caso potremmo usare il compilatore Hitech istallato nella versione precedente.
Chi non ha interesse ad usare il vecchio compilatore potrà iniziare ad usare l'XC8.
Creazione di un nuovo progetto.

Predisposizione dell'ambiente MPLAB X.
Vediamo ora come predisporre l'ambiente MPLAB X facendo alcuni passi preparatori. È bene accettare una sorta di standardizzazione o meglio, seguire i consigli qui proposti così che un'eventuale unione alla communty Micro-GT renderà lo scambio di know how più agevole.

1) Dentro alla cartella documenti creiamo la cartella "Pic_project".
2) Dentro alla cartella Pic_project copiamo i file contenuti nell'archivio "scheletroX" scaricabile dalla community Micro-GT.
3) Verifichiamo che dentro alla cartella scheletroX, contenuta in Pic_project, ci siano i seguenti files:

Ora possiamo eseguire MPLAB X.

L'ambiente MPLAB X.

Una volta installato MPLAB X sul nostro PC, e avere eseguito un doppio click sull'icona di lancio presente nel desktop, comparirà per qualche instante la presentazione visibile qui sotto.

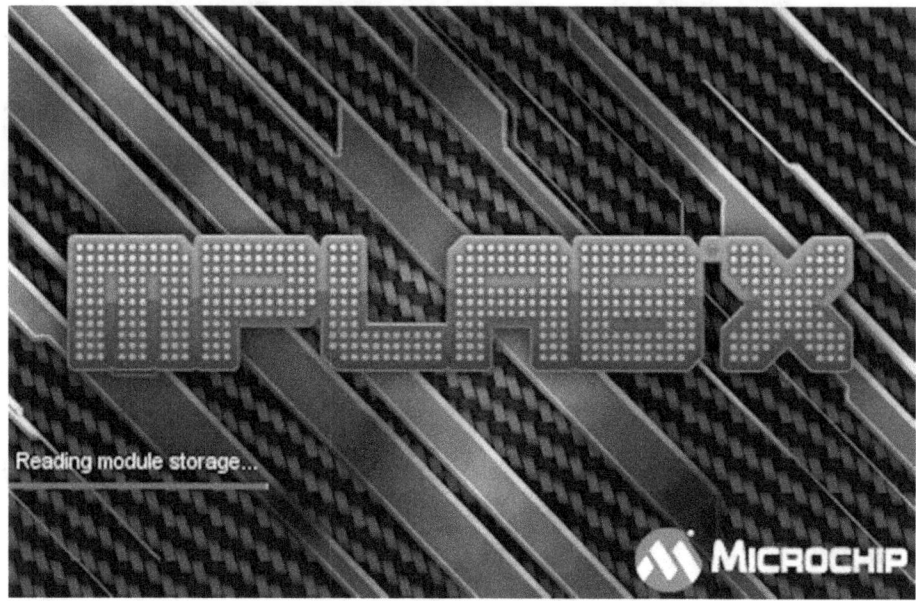

La prima esecuzione potrebbe sembrare un po lunga perché l'IDE si deve creare l'ambiente di funzionamento.
Una volta che si è avviato, compare l'ambiente di lavoro. Lo scopo di questa pubblicazione è quello di portarci subito ad essere operativi quindi non descrivo ad una a una le voci la solo le azioni da compiere.

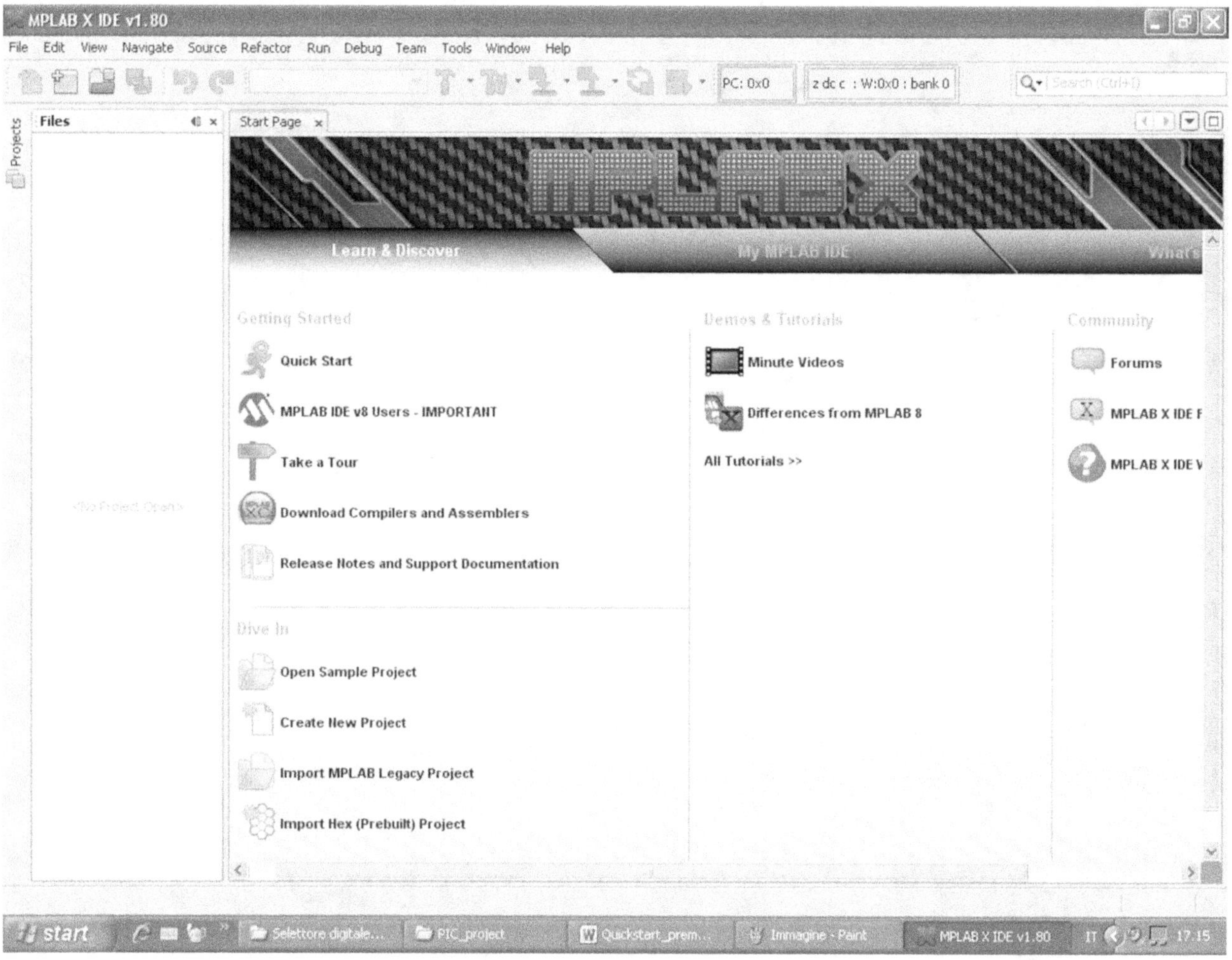

Creazione progetto.

Dal menù "file" cliccare su "new project". Poi agire su "Standalone project" come in figura.

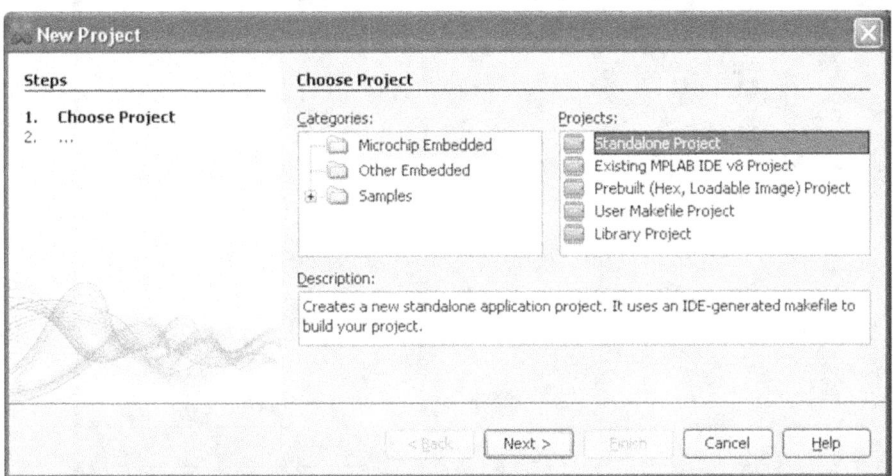

Solo se abbiamo già un progetto della versione precedente usiamo la seconda voce. Poi clicchiamo su "Next", per accedere ai 7 passi necessari alla creazione.
Passo 1, selezione del PIC.

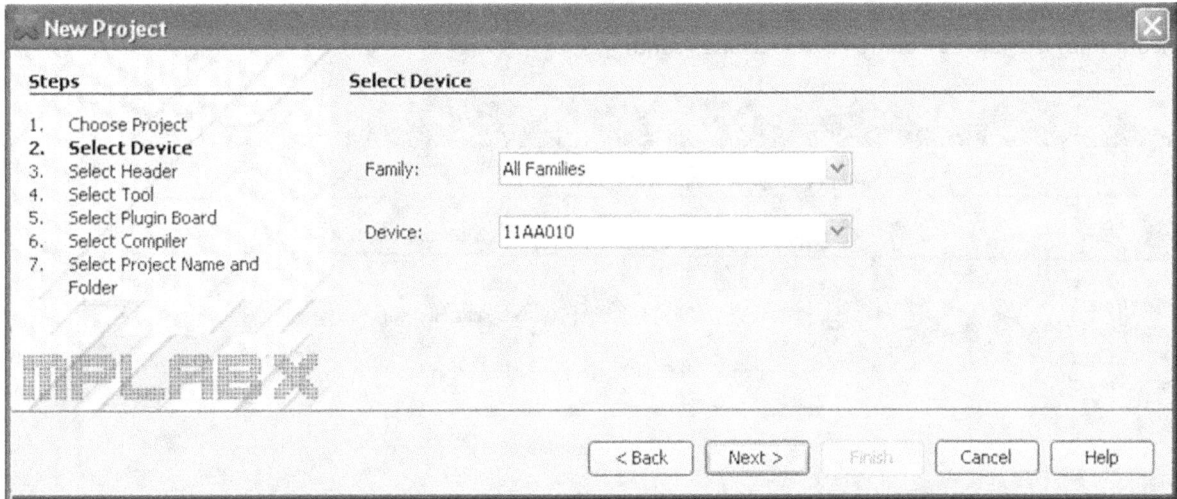

Per utilizzare la Micro-GT IDE si consiglia di selezionare il chip in figura:

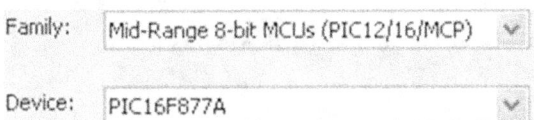

IL passo numero 3 potrebbe venire automaticamente saltato. I files header verranno aggiunti a mano.
Al passo 4 si seleziona il dispositivo di programmazione. Anche se la Micro-GT IDE integra un programmer selezioniamo PICKIT3.

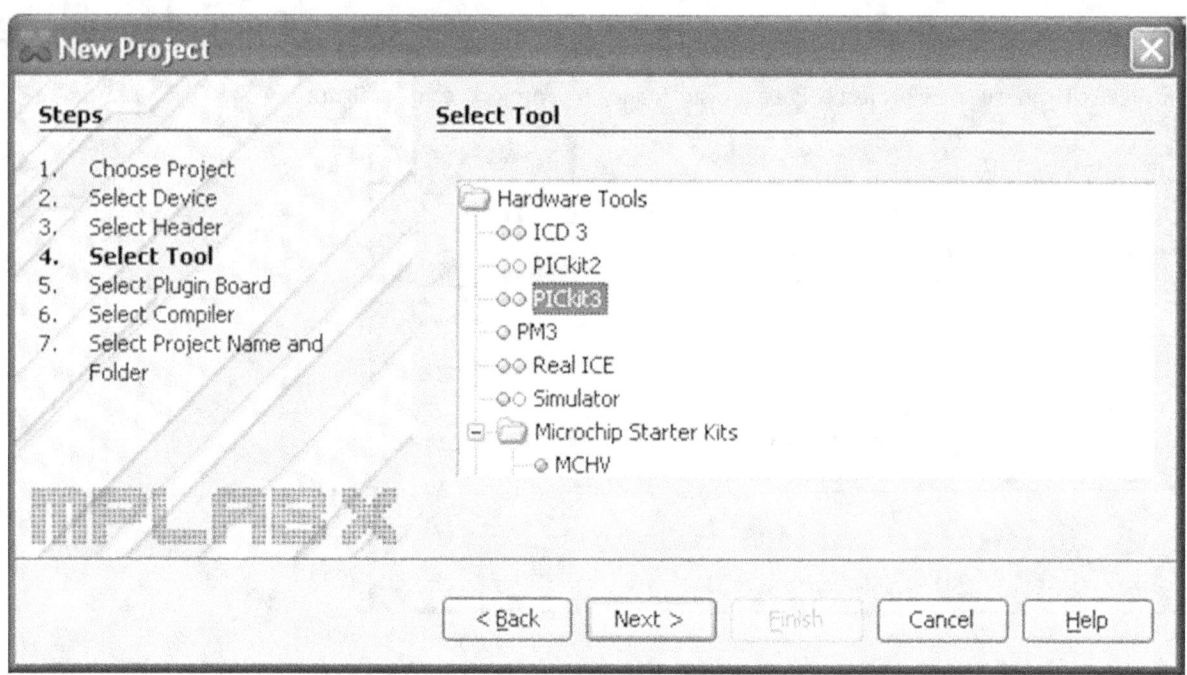

Il passo 5 potrebbe venire saltato automaticamente, specie se utilizzerete la Micro-GT. Non ci preoccupiamo ed proseguiamo al passo 6 nel quale selezioniamo il compilatore.

Potremmo vedere una situazione diversa da quella mostrata in funzione dei compilatori installati. Se un compilatore non è ancora stato istallato comparirà l'avviso (None found).

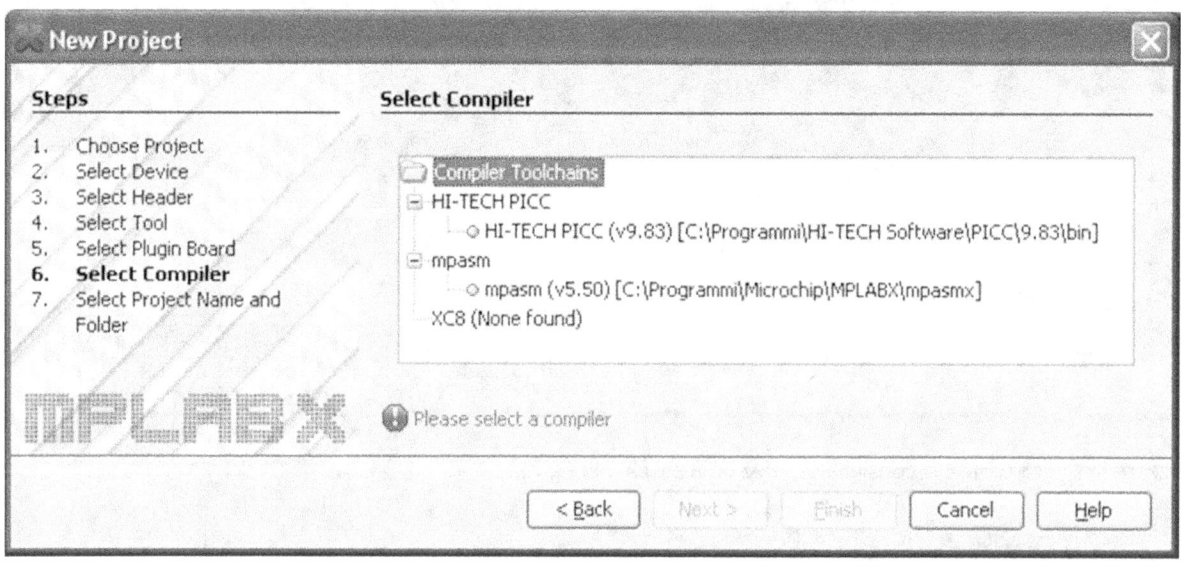

Selezioniamo HI-TECH PICC (v9.83) e proseguiamo cliccando su next.

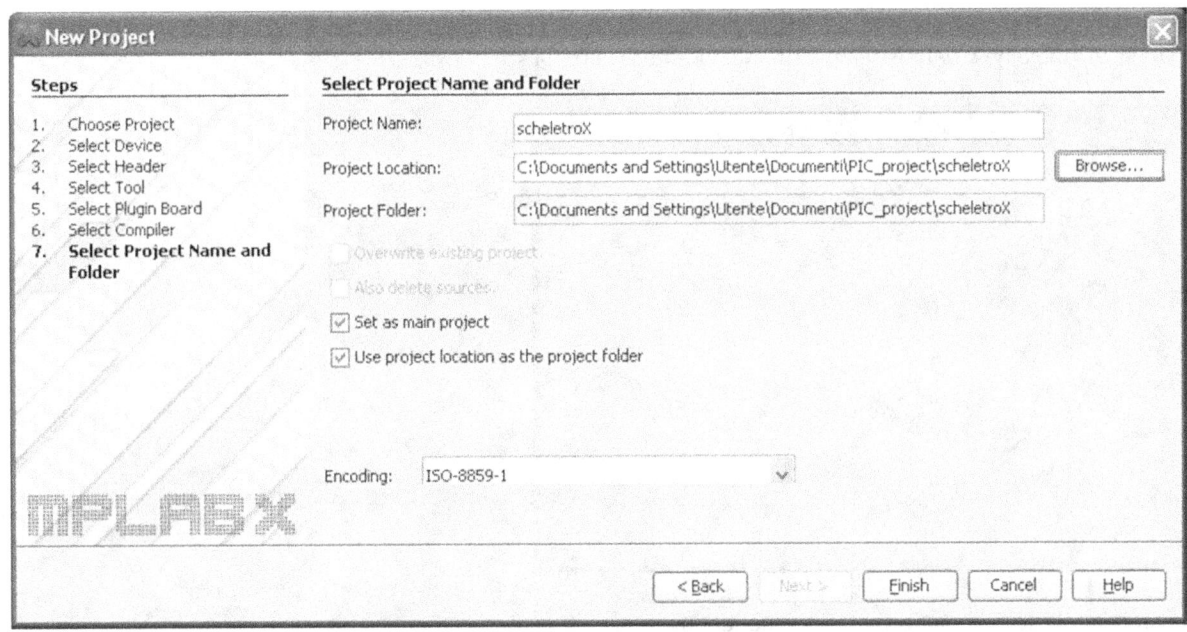

Va posta un po' di attenzione al passo 7 in cui dovremmo assicurarci, agendo sul tasto "Browser" di trovarci nella cartella corretta. (vedi l'esempio).
È buona norma assegnare al progetto lo stesso nome del file principale che in questo caso sarà scheletro.c come abbiamo già predisposto.
Agiamo su "Finish" per concludere la creazione del progetto.
L'ambiente è predisposto ma non possiamo ancora cominciare a programmare perché i files non sono inclusi nelle cartelle del progetto, azione che ora faremo a mano.
Aggiunta dei files al progetto.
In alto a sinistra compare l'albero del progetto che raggruppa i files per tipo, ad esempio la prima cartella aspetta tutti i files di intestazione, quindi quelli che contengono le definizioni delle funzioni, detti header, e salvati con estensione .h

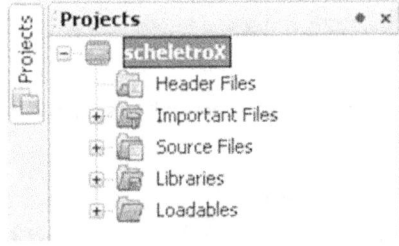

Se clicchiamo sulla cartella "Header Files" vedremo che è vuota. Facciamo tasto destro e poi confermiamo la voce "add Existing Item" come in figura.

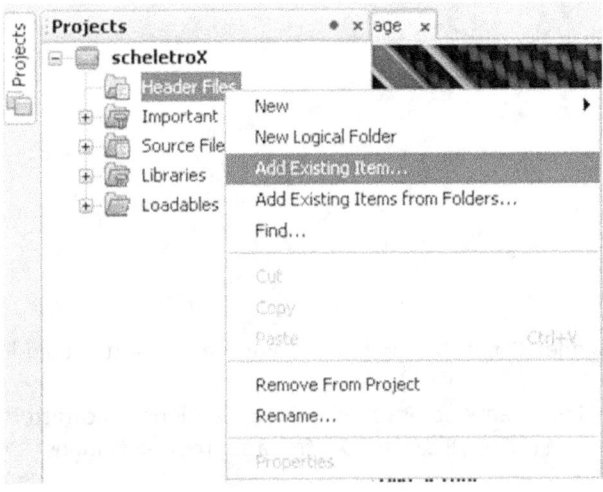

Selezionare tutti i files con estensione .h come in figura. Questo sarà possibile solo se abbiamo seguito con attenzione i primi pasi in cui abbiamo creato e riempito manualmente la cartella scheletroX.

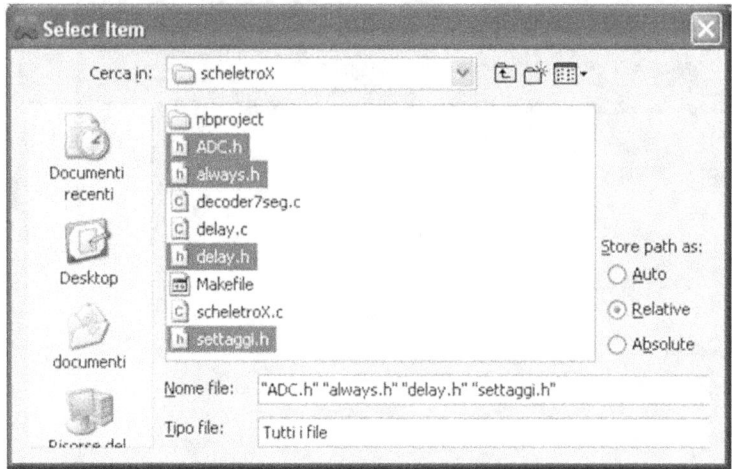

Confermiamo la selezione semplicemente premendo invio.
Ripetiamo l'operazione per i files di tipo sorgente, quindi salvati con estensione .C

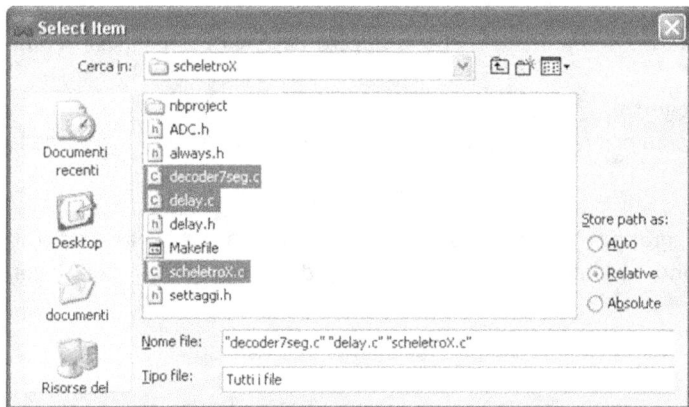

Il progetto assume questo aspetto, ed è pronto per essere utilizzato. Il file decoder7seg, potrà essere .h o .c senza influenzare il funzionamento.

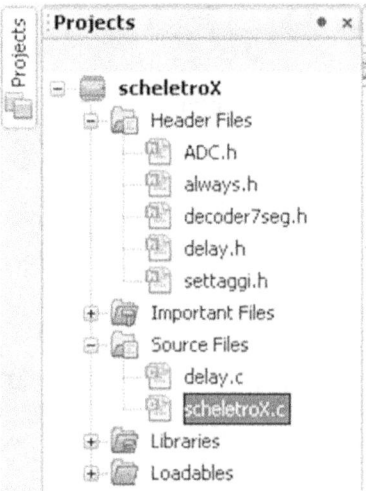

Per entrare nell'editor fare doppio click sul file con estensione .C che ha lo stesso nome del progetto, quindi "scheletroX.c"
Potremmo impostare i vari colori e dimensione dei caratteri. È importante poter cambiare la dimensione dei caratteri dell'editor per gli insegnanti che usano il proiettore per esporre alla classe. Il comando si trova su Tools -> Options

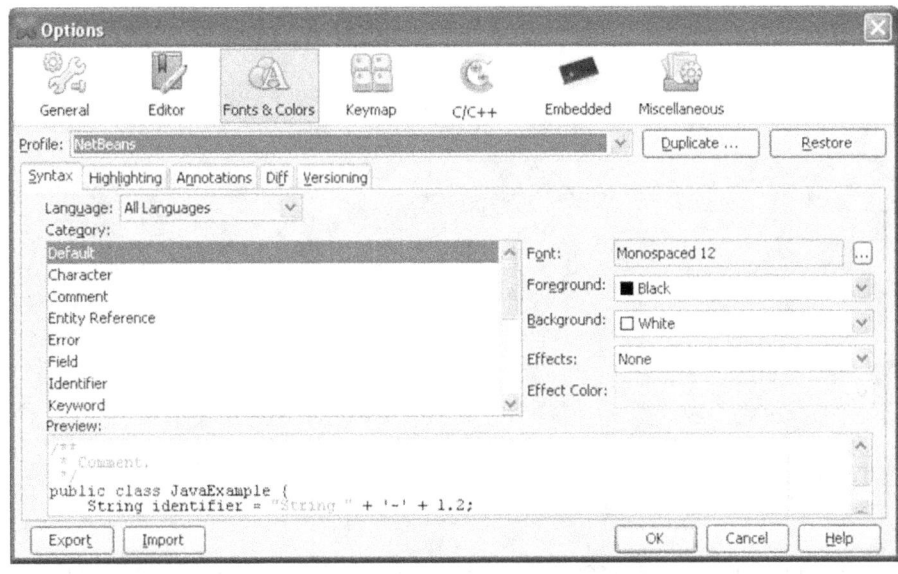

Agire su:

E selezionare il font più adatto alla risoluzione grafica del vostro proiettore.

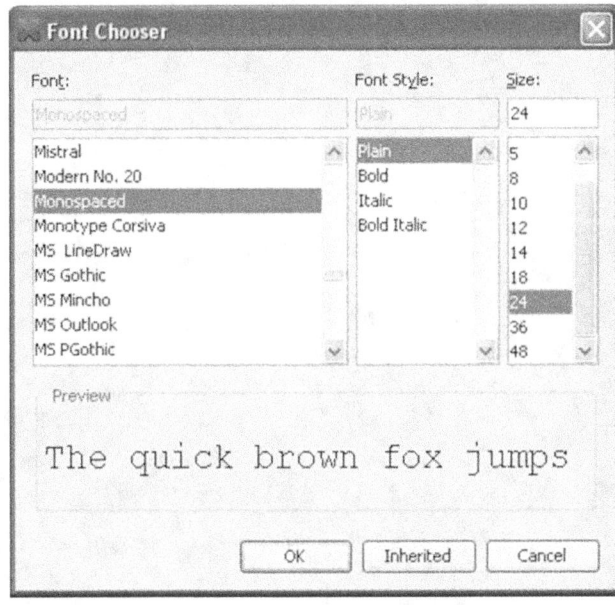

La dimensione 24 da una lettura molto nitida sui proiettori ma mostra poche righe di codice per volta.

```
 10   * * * * * * * * * * * * * * * * * * * * * * * * * * * * * * * * * * * * * * * * * * * * * * /
 11
 12   #define _LEGACY_HEADERS // permette il riconoscimento dei fuse
 13
 14   #include <pic.h>
 15   #include "delay.h"
 16   #include "ADC.h"
 17   #include "settaggi.h"
 18   #include "decoder7seg.h"
 19
 20      CONFIG (HS & WDTEN & PWRTDIS & BORDIS & LVPDIS & DUNPROT & W
```

L'editor ci aiuta, usando colori e segnalazioni varie, a usare la corretta sintassi. Se scriviamo una parola chiave in maniera errata ce lo segnala, come nell'immagine successiva.

```
 21
 22   void settaggi();
      voil settaggi();
 24
```

La compilazione.

La compilazione è quella procedura software che permette, se il codice sorgente è corretto, la creazione del file esadecimale .hex che viene inserito nella memoria programma del PIC. I compilatori posso generare dei file .hex più o meno efficienti.

Lo stesso compilatore, usato in maniera free o professional, può generare codice più o meno ottimizzato in performance o in spazio allocato come è evidente nel caso dell'HITECH.

Con le vecchie versioni di MPLAB, il file .hex si trovava nella radice della cartella progetto, di solito alla stessa altezza del file sorgente principale, quello che contiene il main.

Con MPLAB X i percorsi sono un po' più complessi. Il file .hex lo troveremo in questo percorso (se abbiamo seguito le indicazioni di costruzione manuale delle cartelle a inizio capitolo).

C:\Documents and Settings\Utente\Documenti\PIC_project\scheletroX\dist\default\production

La compilazione avviene usando i comandi in figura.

La prima a sinistra esegue la compilazione semplice con la sovrascrittura del precedente file .hex, mentre il secondo aggiunge una pulizia delle variabile utilizzate predisponendo l'ambiente per la fase di debug.

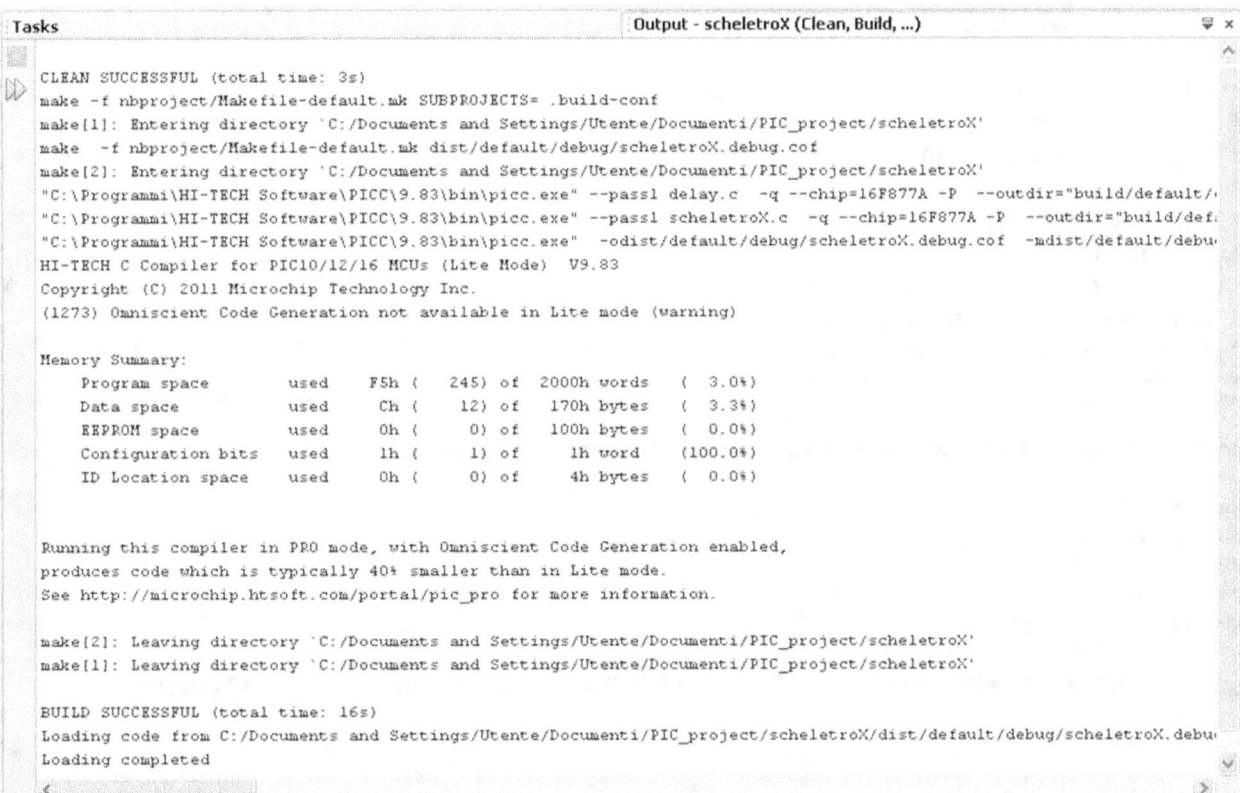

Il programma scheletro X.

Abbiamo realizzato un conteggio su un digit a sette segmenti. Quando questo supera il 9 si riavvia. Il cambio cifra avviene ogni secondo.

Il programma è scaricabile in forma di unico archivio dalla community Micro-GT, ma è bene commentarlo per esteso.

È predisposto come libreria essenziale e minima per il funzionamento della scheda di sviluppo Micro-GT IDE.

Si compone di:
1) Modulo settaggi.h, espandibile ma utile come traccia per la configurazione della direzione del digital I/O, ovvero la configurazione dei TRIS. A titolo di esempio sono stati inserite le configurazioni dei registri per la disabilitazione sia dei canali analogici che dei comparatori.
2) Modulo decoder7seg, utile per il pilotaggio diretto dei display a 7 segmenti. Permette di usare il bus aperto della Micro-GT bypassando il circuito integrato CD4511 (decoder BCD -> 7 segmenti) per poter usare i programmi sviluppati in un hardware diverso dalla Micro-GT.
3) Modulo ADC.h che predispone i registri per l'acquisizione dei canali analogici in modo che restituiscano il valore da 0 a 1024 (convertitori a 10bit) in una corrispondente variabile intera da utilizzare nella funzione principale.
4) Moduli enanched Delay, composti da tre files, always.h, delay.h, delay.c per la creazione di ritardi con temporizzazioni realistiche in micro secondi, millisecondi, e secondi più molte altre. Si faccia attenzione a definire il quarzo usato sulla prima riga del modulo Delay.h presettato allo standard di 16Mhz.

I sorgenti principali:

----------------------modulo scheletroX.c-----------------------------

```c
/*******************************
*         scheletroX           *
* Codice scheda: Micro-GT IDE  *
* Firmware version:1.0         *
* autore: Marco Gottardo       *
* Data:07/07/2013              *
* MCU: PIC16F877A              *
* Piattaforma hardware: Micro-GT IDE *
* Piattaforma software: MPLAB X 1.58 *
*********************************/

#define _LEGACY_HEADERS // permette il riconoscimento dei fuses nei nuovi compilatori

#include <pic.h>
#include "delay.h"
#include "ADC.h"
#include "settaggi.h"
#include "decoder7seg.h"

__CONFIG (HS & WDTEN & PWRTDIS & BORDIS & LVPDIS & DUNPROT & WRTEN & DEBUGDIS & UNPROTECT);//Fuses

void settaggi();

//void conteggio();

void main(){
 settaggi();
 char conta;
 conta=0;
 while(1){
   decoder7seg(conta);
   DelayS(1);
   conta++;
   if (conta>9) conta=0;
 CLRWDT(); //resetta il watch dog timer
 }
}
```
-------------------- fine --

---------------------modulo settaggi.h-----------------------
```c
void settaggi(){

        ADCON1=0b00000111; //port a in digitale
        CMCON=0b00000111;
    TRISA = 0xFF;     // tutti ingressi digitali
    TRISB = 0x00;           // uscite digitali
    TRISC = 0x00;           // uscite digitali
    PORTA = 0xFF;                 // azzera le porte
    PORTB = 0x00;
}
```

-------------------- fine ---

---------------------modulo ADC.h-----------------------
```
/*********************************************
*                                            *
* MODULO PER LA LETTURA DEI CANALI ANALOGICI *
*                                            *
*     chiamare la fz leggi_ad(n);            *
*     done n: numero del canale in ingresso  *
*                                            *
*                                            *
*********************************************/

int leggi_ad(char canale){
        int valore;
        ADCON0 = (canale << 3) + 0xC1;   // enable ADC, RC osc.
        DelayUs(10);                     //Ritardo per dare modo all'A/D di stabilizzarsi
        ADGO = 1;                        //Fa partire la conversione
        while(ADGO)
                    continue;            //Attende che la conversione sia completa

        valore=ADRESL;                   //Parte bassa del risultato
        valore= valore + (ADRESH<<8);    //Parte alta del risultato
                return(valore);
}
```

-------------------- fine ---

-----------------------modulo decoder7seg.h----------------------------

```c
void decoder7seg(int cifra){
        if (cifra==0) PORTC=63; //PORTB=0b00111111;
        if (cifra==1) PORTC=6;  //PORTB=0b00000110;
        if (cifra==2) PORTC=91; //PORTB=0b01011011;
        if (cifra==3) PORTC=79; //PORTB=0b01001111;
        if (cifra==4) PORTC=102;//PORTB=0b01100110;
        if (cifra==5) PORTC=109;//PORTB=0b01101101;
        if (cifra==6) PORTC=125;//PORTB=0b01111101;
        if (cifra==7) PORTC=39; //PORTB=0b00100111;
        if (cifra==8) PORTC=127;//PORTB=0b01111111;
        if (cifra==9) PORTC=111;//PORTB=0b01101111;
        if (cifra==10)PORTC=80; //PORTB=0b10000000; Punto decimale


}
```
-------------------- fine --

I sorgenti dei moduli delay.h, delay.c, always.h non sono riportati perché si tratta di funzioni standard di libreria.

La simulazione.

Esistono molti simulatori per PIC, più o meno potenti e più o meno completi.
Quello scelto per il corso "Let's GO PIC !!!", basato sulla piattaforma hardware Micro-GT è il Real PIC simulator.

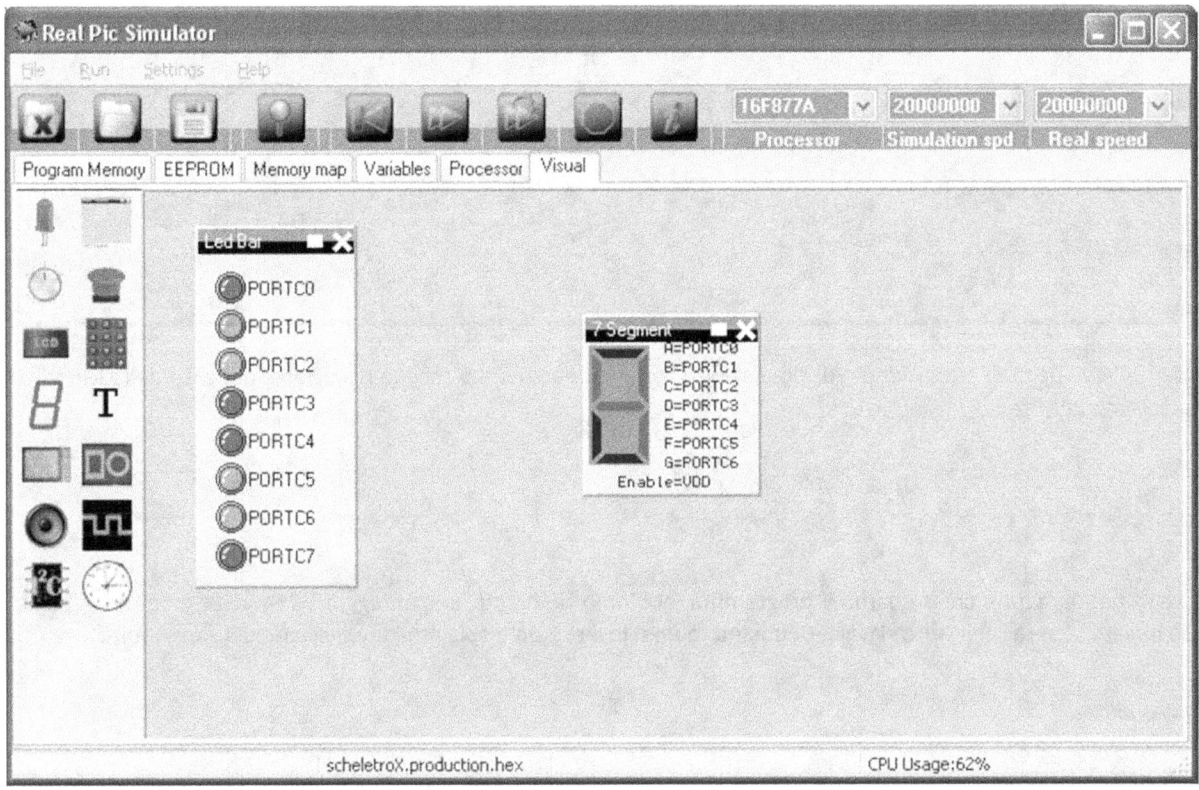

Il funzionamento è semplice e intuitivo e ampiamente spiegato nel testo "Let's GO PIC!!! The book". Vediamo solo le cose essenziali per poter testare il programma scheletroX e per essere immediatamente operativi.
Per prima cosa va selezionato il processore infatti se carichiamo il file .hex non siamo più in grado di cambiarlo.

Il simulatore carica il file .hex agendo sul tasto:

il percorso per caricare correttamente il file hex è il seguente:
C:\Documents and
Settings\Utente\Documenti\PIC_project\scheletroX\dist\default\production\scheletroX.production.hex
Il contenuto della cartella, come risultato della compilazione è questo.

Impostiamo le velocità di esecuzione e di simulazione come il quarzo della scheda hardware, nel caso della Micro-GT IDE metteremo 20Mhz.

Come visto nel paragrafo che riguarda il programma, abbiamo realizzato un conteggio su un digit a sette segmenti. Quando questo supera il 9 si auto riavvia. Dobbiamo quindi inserire un display sull'area visuale del simulatore.

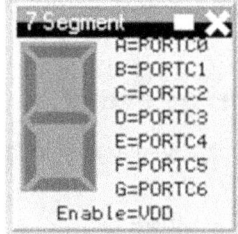

Clicchiamo sul segmento orizzontale in alto. Tipicamente è il segmento "a" di questo tipo di display. Assegniamolo al pin RC0 cliccando con il tasto sinistro del mouse.

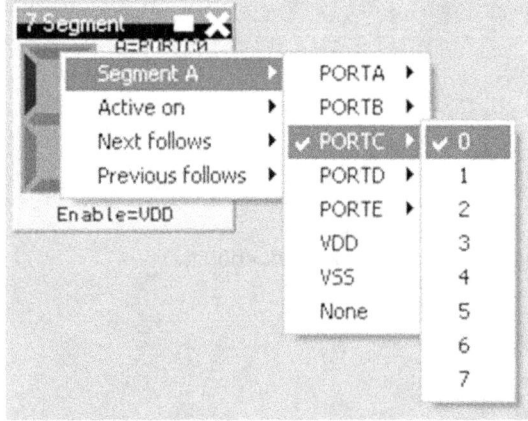

È possibile assegnare tutti i rimanenti segmenti, cliccando ancora sul segmento "a" e agendo su "next follows" e poi "Down".

Ora dobbiamo dire se il display è di tipo ad anodo comune o a catodo comune. Questo lo emuliamo fissando il bit di abilitazione a Vdd.

Invece di cliccare sul segmento agiamo sull'area grigia all'interno del display e poi seguiamo l'indicazione dell'immagine.

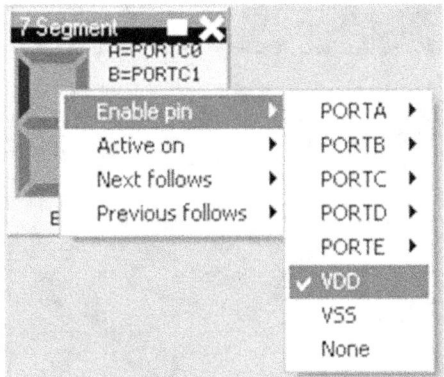

Abilitiamo l'esecuzione Real time cliccando sul quadrato affianco alla X di chiusura del display.

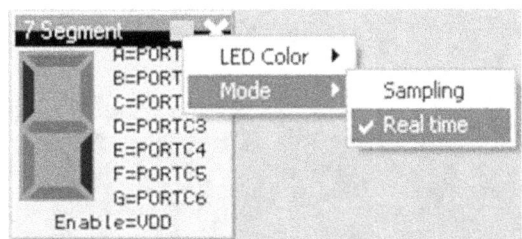

Il display è pronto a funzionare, ma per questioni di comodità riportiamo una barra LED che rappresenta il PORTC sull'area visuale del simulatore. Questa barra LED si trova fisicamente presente nella Micro-GT e ci permette di vedere se il numero rappresentato nel display è effettivamente il contenuto della variabile di conteggio inviata al PORT C.
Clicchiamo sul LED presente nella colonna degli strumenti visuali, sul lato sinistro in alto, e per trascinamento spostiamo la barra al centro dell'area visuale.

L'assegnazione avviene in maniera analoga a quanto visto per il display. Clicchiamo sul primo LED, assegniamolo al PORTC -> RC0

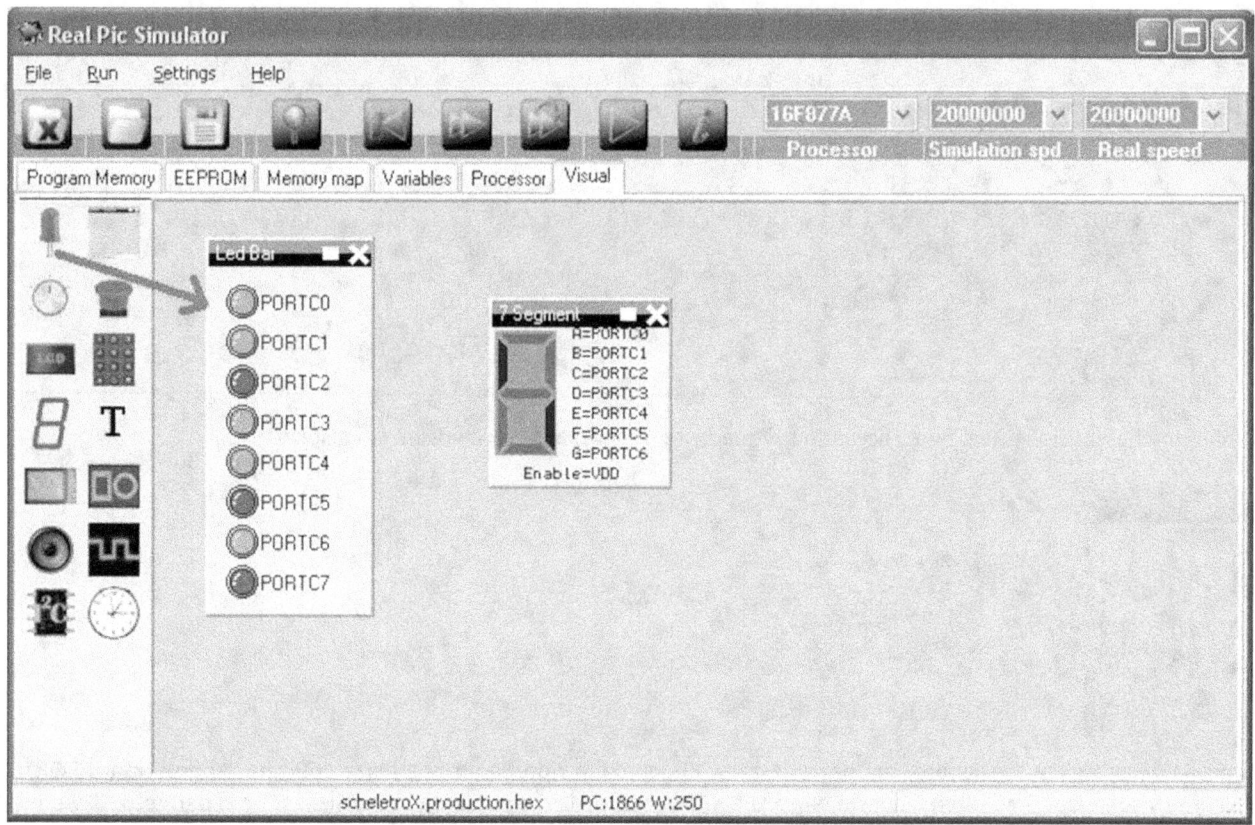

Eseguiamo il programma agendo sul tasto che mostra il triangolo verde.

Sul display vedremo scorrere ciclicamente i numeri da 0 a 9.

Importazione di un progetto da MPLAB v8.xx

Consideriamo il caso di dover recuperare un vecchio programma scritto in MPLAB v8.xx, o procedente, allo scopo di modificarlo o usarlo come base per un nuovo lavoro.
Consideriamo che il linguaggio noto sia Hitech C16 e che i processori siano alloggiabili nella Micro-GT IDE o la versione ridotta Micro-GT mini.
È possibile importare il progetto senza perdite di funzionalità.
Copiamo tutta la cartella progetto nella cartella Pic_project che abbiamo predisposto all'interno della cartella documenti.
Se si trova già in questa cartella facciamo comunque una copia e rinominiamola mettendo "X" alla fine del nome, ad esempio, la cartella supercar diventa supercarX.
Non facciamo nessun'altra azione.

Per il momento il contenuto è identico e si assume che il programma sia funzionante.
Lanciamo MPLAB X.
Dal menù "file", selezionare "import" e poi "MPLAB v8 Project".
Vediamo la figura sotto.

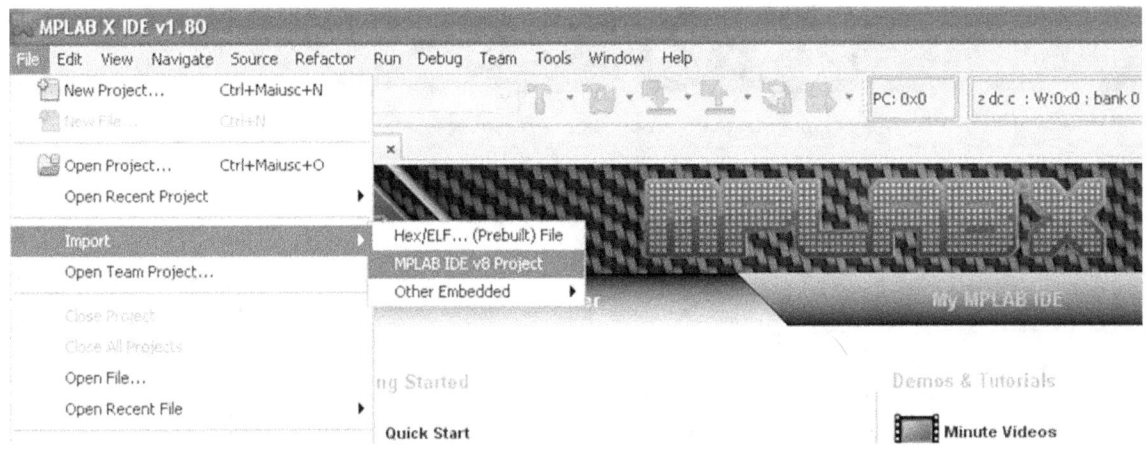

Si apre una finestra che elenca 8 passi da seguire per l'importazione del progetto.

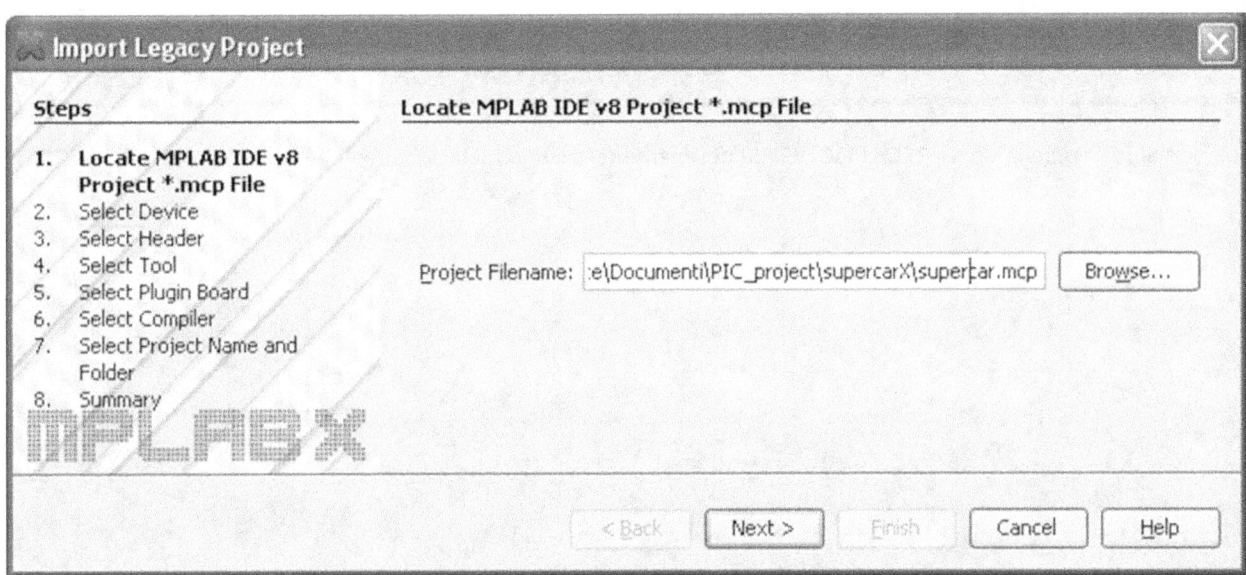

Usando il browser carichiamo il progetto (vecchia versione) dalla cartella supercarX.

All'interno del vecchio progetto dovrebbe già trovarsi l'informazione che riguarda l'MCU, (micro controller unit), ma potremmo in questo momento cambiarlo per passare ad un altro PIC compatibile. Noi lasceremo il 16F876A per usare la Micro-GT mini.

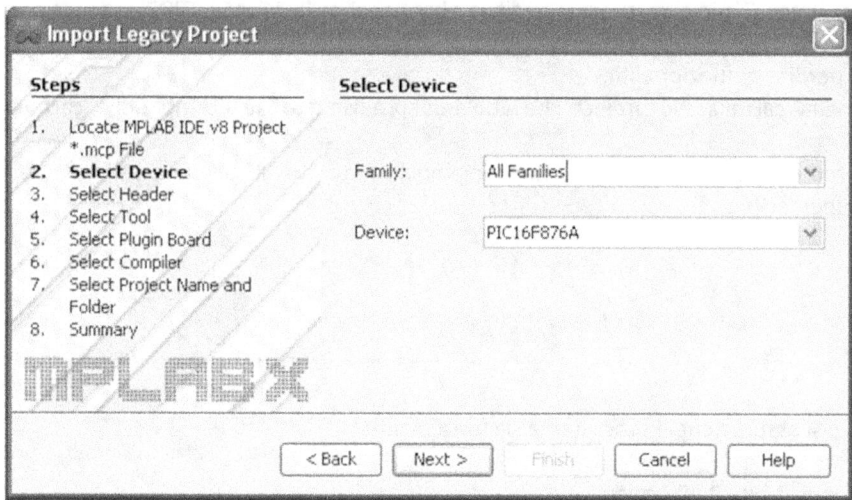

Selezioniamo il PICKIT 3 così potremmo programmare la Micro-GT mini direttamente da MPLAB X.

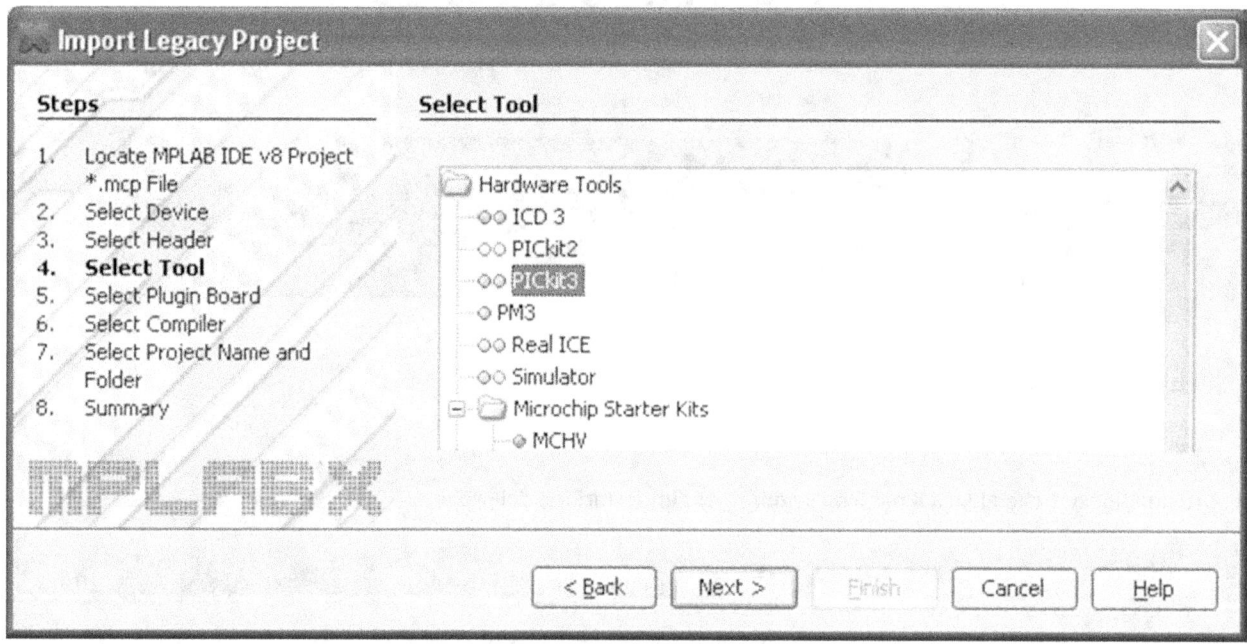

Selezioniamo il compilatore Hi-TECH PICC (V9.83) per mantenere compatibile la sintassi del vecchio programma C.

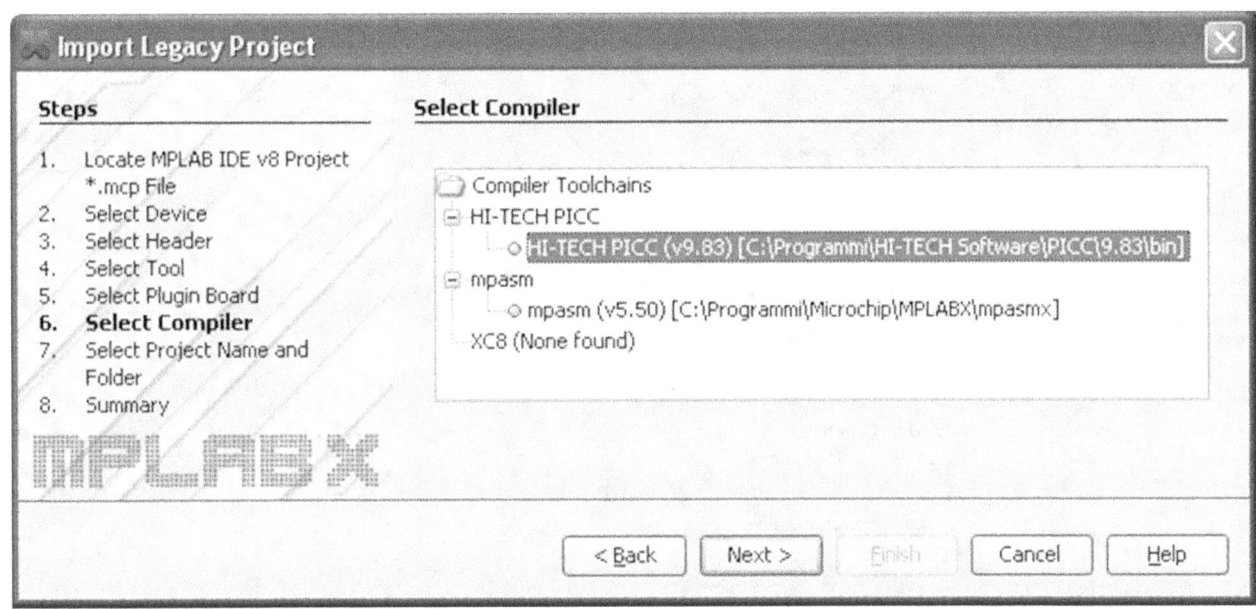

Il prossimo passo consiste nel dare il nome al progetto. MPLAB X suggerirà il nome che vede già presente, ovvero supercar.mcp, vi consiglio di cambiarlo in supercarX solo allo scopo di mantenere un certo ordine. Se non lo rinominate funzionerà comunque e vi avviserà della sovrascrittura. Non preoccupiamoci più di tanto perché stiamo lavorando in una copia del progetto originale.

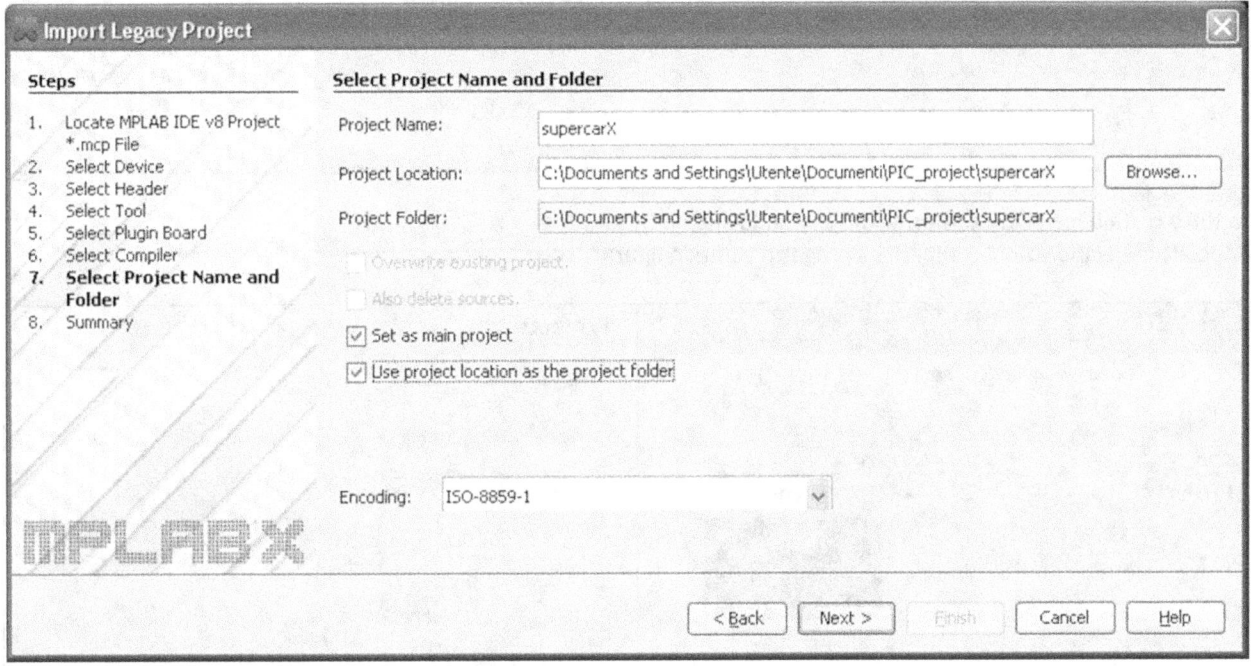

Vedremo il sistema fare alcune elaborazioni, poi ci fornirà il sommario (riassunto) di quello che gli stiamo per fare creare.
Ci mostra la locazione del progetto che andiamo ad importare, il nuovo nome, il processore, i files che compongono il progetto e altre utili informazioni.

Se non dovesse andare a buon fine l'ultimo passo, torniamo in questo ed eliminiamo i check box (gli spunti) da "set as main project" e dal successivo.

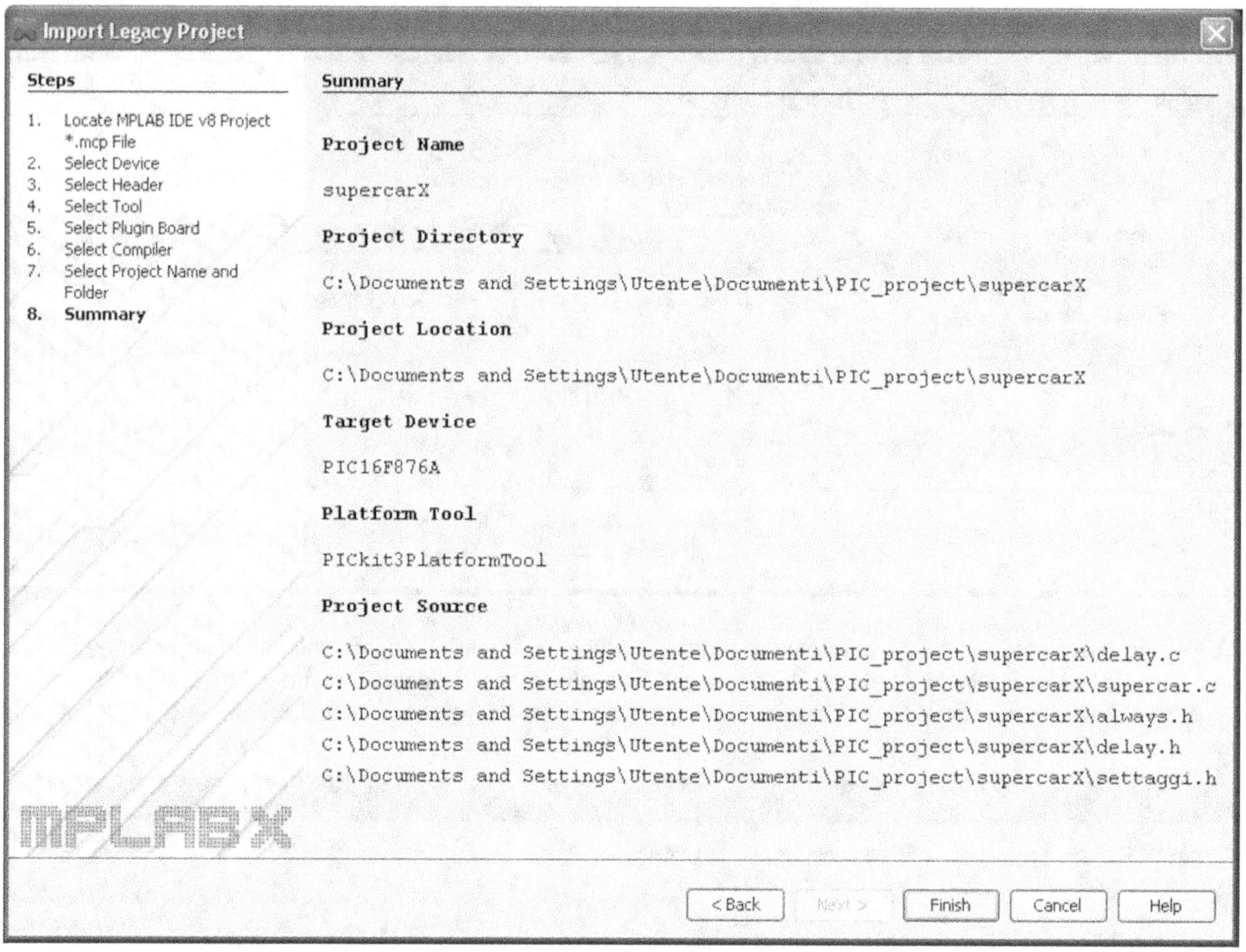

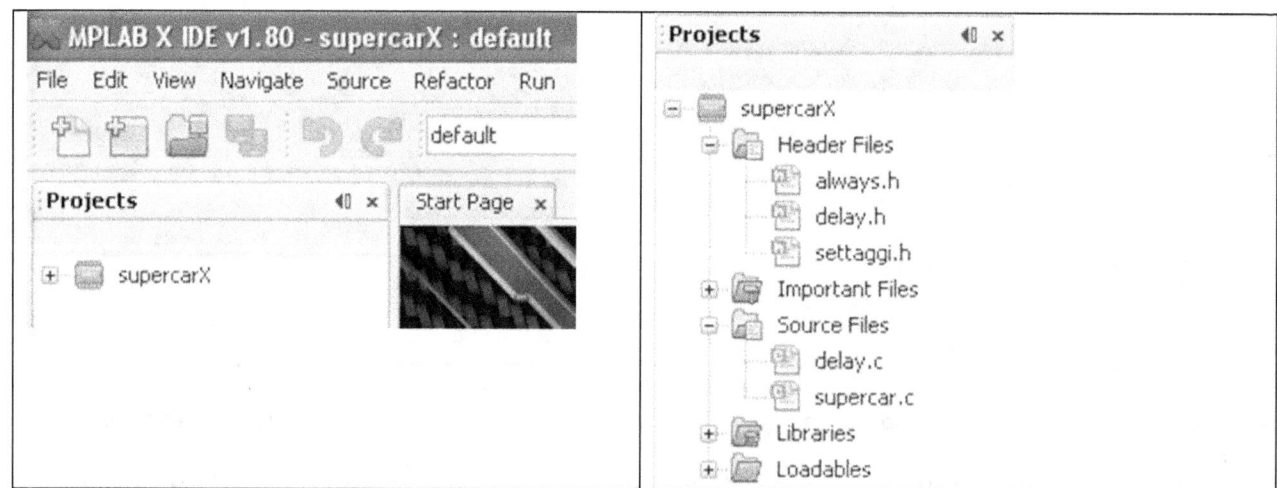

Se tutto ci sta bene allora confermiamo cliccando su "finish".
Dopo alcune elaborazioni comparirà il progetto come in figura:

Espandiamo il progetto per vedere se contiene i files che ci aspettiamo, cliccando su "+" affianco a supercarX, e successivamente su Header Files e Source Files.

Facciamo doppio click sul file principale "supercar.c" per aprirlo nell'editor.

```
/***************************************************
 *              Let's GO PIC !!! Il libro           *
 *                      Supercar                    *
 *              G-Tronic    Robotic                 *
 *         23/02/2012 importato in MPLAB X il 08/07/2013 *
 *      Questo programma è sviluppato per PIC16F876A *
 *              piattaforma Micro-GT mini           *
 *                     Marco Gottardo               *
 *                                                  *
 ***************************************************/

#include <pic.h>
#include "delay.h"
#include "settaggi.h"

void main(){
        settaggi();
        while(1){
        DelayMs(255);PORTB=1;
        DelayMs(255);PORTB=2;
        DelayMs(255);PORTB=4;
        DelayMs(255);PORTB=8;
        DelayMs(255);PORTB=16;
        DelayMs(255);PORTB=32;
        DelayMs(255);PORTB=64;
        DelayMs(255);PORTB=128;

        DelayMs(255);PORTB=128;
        DelayMs(255);PORTB=64;
```

Procediamo alla compilazione cliccando sul tasto a forma di martello.

Nella parte bassa dello schermo dovremmo vedere l'output del compilatore. Se tutto va a buon fine dovrebbe rispondere: BUILD SUCCESSFUL

Carichiamo il file .hex in RealPic simulator e vediamo l'effetto sulla barra LED collegata al PORTB.
Il percorso in cui trovare il file .hex è un po' contorto ma va considerato che l'eventuale caricamento nella Micro-GT mini tramite MPLAB X non comporta alcun problema perché l'IDE sa già dove prenderlo e inviarlo al PICKIT 3.

Per chi lo dovesse riversare manualmente tramite altri strumenti di sviluppo il percorso alla cartella e al file hex è indicato nella sottostante immagine.

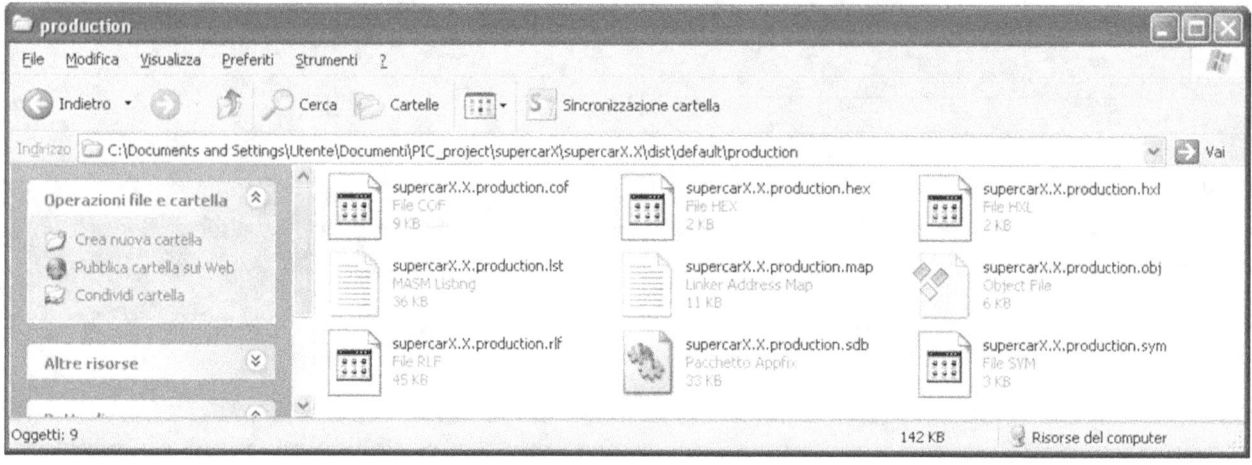

I sorgenti del programma utilizzati per fare questa prova sono scaricabili dal sito della community Micro-GT e riportati qui sotto.

--------------------------------file principale--
```
/************************************************
*           Let's GO PIC !!! Il libro            *
*                  Supercar                      *
*              G-Tronic   Robotic                *
*    23/02/2012 importato in MPLAB X il 08/07/2013  *
*    Questo programma è sviluppato per PIC16F876A   *
*           piattaforma Micro-GT mini            *
*                Marco Gottardo                  *
*                                                *
************************************************/

#include <pic.h>
#include "delay.h"
#include "settaggi.h"

void main(){
    settaggi();
    while(1){
    DelayMs(255);PORTB=1;
    DelayMs(255);PORTB=2;
    DelayMs(255);PORTB=4;
    DelayMs(255);PORTB=8;
    DelayMs(255);PORTB=16;
    DelayMs(255);PORTB=32;
    DelayMs(255);PORTB=64;
    DelayMs(255);PORTB=128;

    DelayMs(255);PORTB=128;
    DelayMs(255);PORTB=64;
    DelayMs(255);PORTB=32;
    DelayMs(255);PORTB=16;
    DelayMs(255);PORTB=8;
    DelayMs(255);PORTB=4;
    DelayMs(255);PORTB=2;
    }
}
```

------------------file settaggi.h-------------------
```
void settaggi(){

        ADCON1=0b00000111; //port a in digitale
        CMCON=0b00000111;
    TRISA = 0xFF;     // tutti ingressi digitali
    TRISB = 0x00;              // uscite digitali

    PORTA = 0xFF;                    // azzera le porte
    PORTB = 0x00;
}
```
-------------------------fine modulo-------------------

Il sorgente delle routine Delay non sono riportati perché sono file standard di libreria.

Se con il passare degli anni si dovessero riscontrare problemi di compatibilità del codice è possibile renderlo retro compatibile usando la direttiva:

#define _LEGACY_HEADERS   // da inserirsi come prima riga di codice

Se usate la modalità di programmazione LVP (quindi avete un bootloader firmware) allora dovrete integrare l'impostazione dei fuse dentro al codice. Questo esempio è valido per il PIC16F876 A e PIC16F877 A. per altri PIC bisogna leggere il data book per vedere quali fuses sono implementati.

__CONFIG (HS & WDTEN & PWRTDIS & BORDIS & LVPDIS & DUNPROT & WRTEN & DEBUGDIS & UNPROTECT);//Fuses

Anteprima di applicazioni.

Verranno presentati svariati progetti basati su questa piattaforma hardware. Probabilmente il primo riguarderà un modello di pannello solare ad inseguimento che potrà essere preso come spunto per le tesine scolastiche.
Lo schema di principio è nella foto.

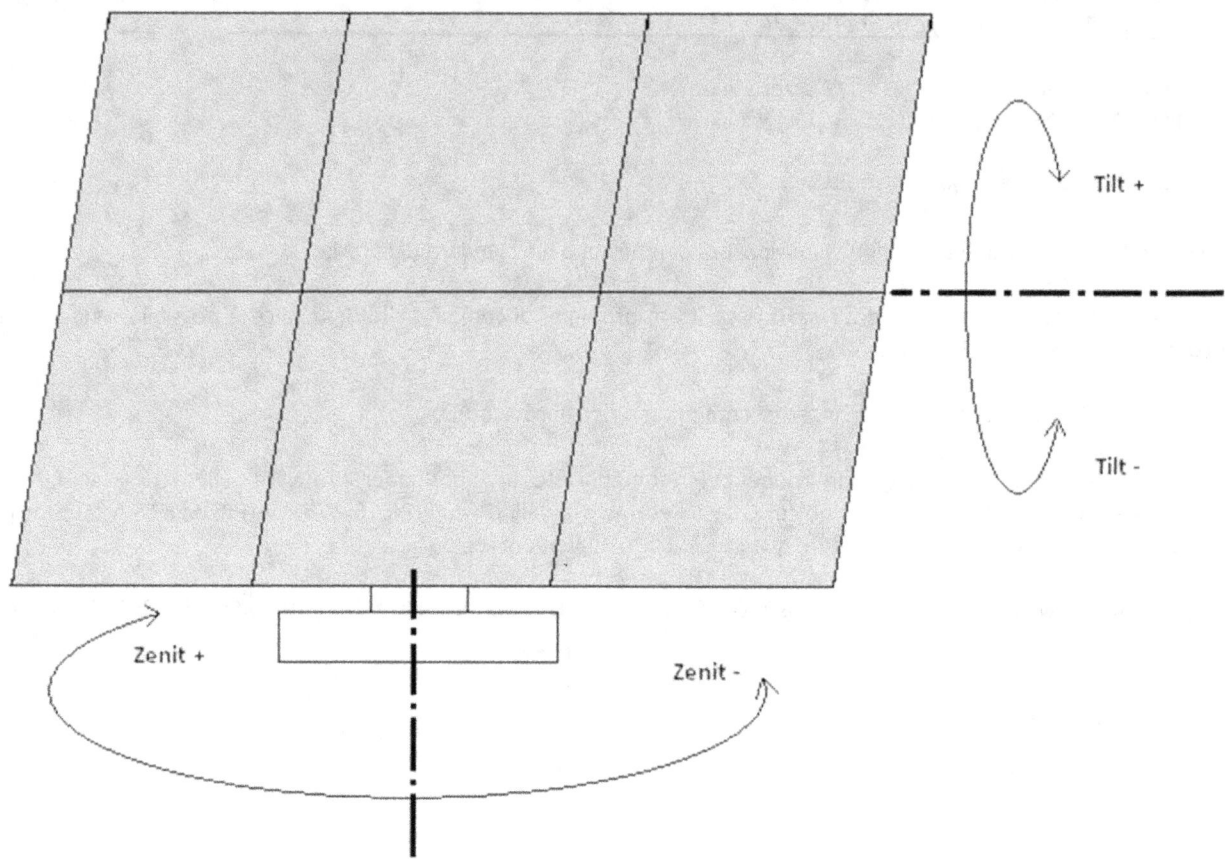

Si suggerisce di usare il disegno sovrastante come sfondo della modifica da apportare all'interfaccia dotnet scaricabile sopra e di indicare su quattro pulsanti le direzioni zenit+, zenit-, tilt+, tilt-.

Il pannello in scala che si potrà costruire a scopo di tesina ha in realtà un alterego funzionante, con potenza installata di circa 9Kw/h. è stato realizzato nel 2008 e si trova in una località dell'alto vicentino, a una trentina di km dall'altopiano di Asiago.

All'epoca della realizzazione di questo impianto si era deciso di controllare il puntamento con un PLC SIEMENS S7-200. In un articolo che seguirà questo capitolo realizzeremo il controllo con il Micro-GT Smart Controller. Probabilmente realizzeremo l'impianto in due maniere e cioè montando il 16F876A e in maniera più performante, e munendolo di interfaccia USB e/o remota via TCP/IP, con il PIC 18F2550.

Chi volesse partecipare proponendo un'applicazione software di controllo per il pannello solare ad inseguimento farebbe una cosa molto gradita.

Buon divertimento
Marco Gottardo.

Mini shield PWM Power inverter Descrizione circuitale

Lo schema elettrico sotto riportato è facilmente interpretabile dato che si compone di sezioni facilmente individuabili:
1. Sezione oscillatore per la generazione del PWM hardware.
2. sezione di controllo TTL.
3. sezione di controllo di potenza switching
4. sezione di inversione di marcia "ponte H" a sicurezza intrinseca.
5. modulo di ricircolo opzionale (esterno).
6. modulo di alimentazione.

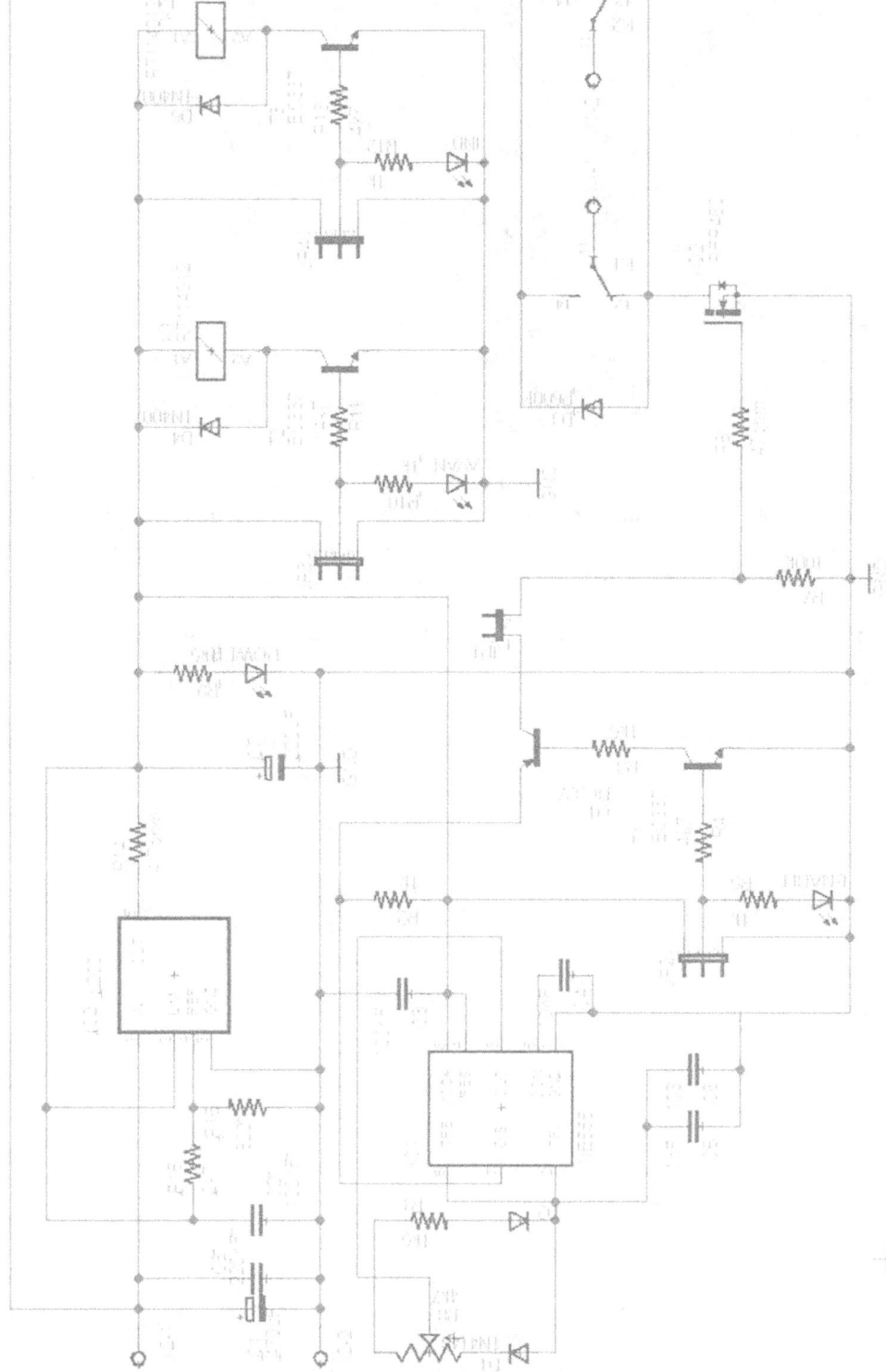

I valori dei componenti usati sono i medesimi della sezione di potenza e pwm hardware dello Smart Controller.

Sezione PWM hardware

La sezione PWM hardware è basata sulla sezione di controllo PWM presentata in un precedente capitolo di "Let's GO PIC !!!" dato che il circuito risulta ottimale. La realizzazione è sviluppata sulla base del timer NE555. Per i motori che normalmente impiego (motoriduttori DC a 24V, oppure a 36VDC), la frequenza ottimale di funzionamento è di 22Khz. Per approfondimenti sul funzionamento del Timer NE555 usato come generatore PWM si rimanda al capitolo ottavo del tutorial.

<u>Alcuni calcoli fondamentali.</u>
La frequenza di oscillazione e' data dalla formula f=1/T dove con T si indica il periodo [s]
Il periodo T vale 0,693*(R1+2*R2).
Il tempo in cui l'uscita e' attiva vale Ton= 0,693*(R1+R2)*C1
Il tempo in cui l'uscita e spenta vale Toff=0,693*(R2)*C1
Il rapporto tra il tempo in cui l'uscita e' alta e quello totale del periodo e' il ciclo utile pari a D=T1/T
Online e' possibile trovare degli abachi che permettono il calcolo della frequenza di oscillazione del multivibratore astabile eseguito nella modalita' che ho descritto, ovvero che suggeriscono il corretto valore di R1,R2, C1 in base alla frequenza che si desidera ottenere.
Consiglio ai volenterosi di inserire le formule soprascritte in un foglio excell e auto costruirsi questo abaco..

<u>La generazione del segnale PWM,</u> utile come regolatore della potenza trasmessa, e' ottenibile come variante di questa soluzione circuitale.
Si tratta di mantenere costante il periodo T (inverso del frequenza) e dare la possibilità a un controllo manuale di variare il latch alto rispetto a quello basso, ovvero quello normalmente conosciuto come ciclo utile (D.C. duty cycle).
Il trucco consiste nel costringere le correnti di carica e scarica del condensatore C1 a transitare in porzioni di resistenza variabile diversa e manualmente regolata. Tale trucco si attua inserendo due diodi 1N4148 .
Ecco come diversificare i percorsi di carica e scarica della capacità:

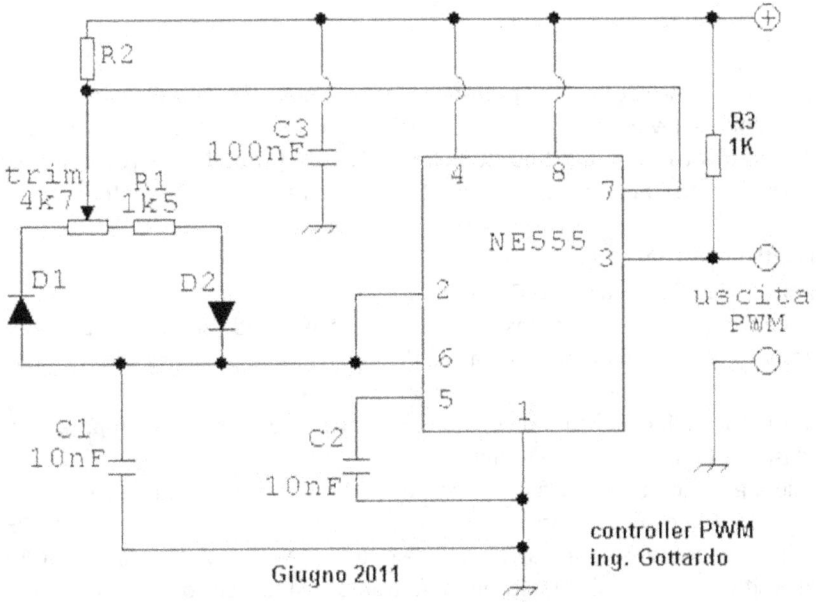

La fase di carica, internamente soggetta alle comparazioni con le due soglie 1/3Vcc e 2/3 Vcc, avviene nella maglia R1+R2 a cui si aggiunge la porzione di trimmer inserita. Si giunge al condensatore C1 tramite il diodo D2, l'altro ramo risulta interdetto a causa del diodo D1 in contro polarizzazione. Nella fase di scarica si interdice D2 e va in conduzione diretta D1 che permette la scarica tramite la porzione inserita del trimmer (anche nulla) attraverso il pin 7 dietro a cui abbiamo visto esserci il BHT, npn interno al chip comunemente chiamato discharge. Anche se non è proprio vero il periodo è pressoché costante (all'oscilloscopio noterete delle piccole variazioni).
Rimane il problema della frequenza di risonanza dell'eventuale motore DC collegato, questa è specifica del motore in uso e andrebbe chiesta al costruttore perché le misure i i calcoli da farsi non sono semplici.
Tipicamente tra i 12 e i 22 Khz si ha una buona resa.
Empiricamente si ha una frequenza accettabile quando il motore non emette strani ronzii e fischi.
Quasi certamente si cade in errore nelle frequenze foniche attorno al chilohertz.

Sezione controllo TTL
Con sezione TTL si intende quella parte di circuito atta al controllo o forzamento dei segnali di comando che permette a questo mini shield di funzionare sia in maniera autonoma che interfacciato ad un microcontrollore, tipicamente una Micro-GT mini per la quale è nato. Presto intuiremo che il nome "TTL" è vero solo in parte dato che i comandi di forzamento o controllo manuale sono a 12 volt perché prelevati all'uscita del regolatore L200 (vedi più sotto sezione alimentazione). La circuiteria, ed in particolare le resistenze di polarizzazione sono calcolate per fare lavorare i BJT di comando delle bobine dei relè in zona saturazione sia che questo comando sia a 12v che a 5V ovvero TTL.

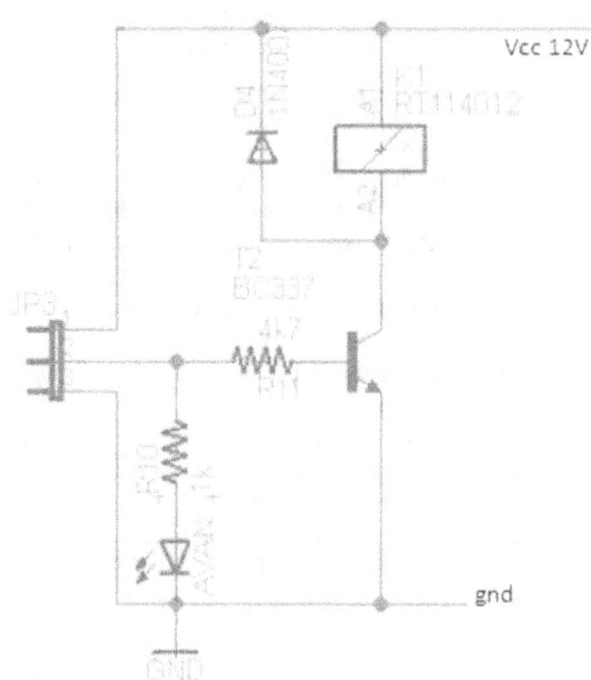

Si tratta di trovare un compromesso, ovvero di dare una saturazione profonda ma sostenibile quando si alimenta a 12 e una saturazione al margine ma presente, quando si lavora a 5v. I valori corretti, ampiamente testati per ottenere la situazione descritta sono 4k7 per la resistenza di base con BJT tipo BC337. Il LED, collegato alla sua resistenza di limitazione del valore di 1K segnala la presenza dei vari comandi e quindi l'eccitazione del relè corrispondente.
I comandi TTL sono:
- JP3, pin 2 -> comando di marcia avanti da RB0 della Micro-GT mini.
- JP4, pin 2 -> comando di marcia indietro da RB1 della Micro-GT mini.
- JP1 ponticellare se si vuole che i comandi presenti non necessitino di altri consensi, ad esempio un pulsante NA di telecomando che tiene in mano l'operatore o un pulsante a pedale o un micro di presenza carter chiuso ecc.
- JP2, pin 2 -> comando on/off dal microcontrollore qualora si voglia creare una semplice marcia temporizzata. in questo caso collegare il pin 2 all'uscita RB2 della Micro-GT mini.

Quando si vuole utilizzare il circuito in maniera autonoma, senza la presenza della scheda a microcontrollore, allora i comandi potranno essere portati manualmente collegando i morsetti dei pulsanti di comando tra i pin 1-2 di JP3 (avanti), 1-2 di JP4 (indietro). se serve un ulteriore consenso manuale, o a pedale io di presenza a micro interruttore allora collegare i contatti puliti di questo dispositivo tra 1 e 2 di JP1, altrimenti forziamo il consenso con un ponticello.
Il comando di attivazione può essere portato ad esempio dal contatto pulito NA di una fotocellula o di un timer programmabile o un termostato nel caso di utilizzo come ventilatore tra il pin 1 e il pin 2 di JP2.
Nel caso che i dispositivi sensoriali o di comando fornissero un'uscita TTL, questi segnali vanno riferiti ai pin 3 (massa) di ogni uno degli strip line a tre posizioni.
Nell'interfacciarsi alla Micro-GT mini non dimentichiamo di riferirci a una massa comune disponibile al 2 di ogni morsetto a vite presente in questa.
Fa parte della sezione di controllo TTL anche la parte di circuito che ho denominato "interdittore di linea", si tratta di un insieme di transistor BJT di segnale posti in modo che pilotando un NPN con i 5V di uscita del pin del PIC si faccia o meno saturare un PNP che mette di conseguenza in conduzione la linea in cui è presente il segnale TTL. Questa sezione può essere sviluppata in varie maniere, o addirittura omessa quando il segnale PWM sia generato internamente al PIC invece che hardware tramite una o più sezioni identiche con l'integrato NE555. Nel mio progetto viene proposta questa soluzione con due BJT più che altro per questioni didattiche e per eleganza circuitale. Nel progetto del selettore di due canali analogici a BJT, presentato sempre su Grix, usavo un solo transistor NPN, operante

in zona saturazione/interdizione il cui collettore era connesso al nodo centrale di una pseudo serie di resistenze operanti come impedenze aggiuntive alle linee analogiche, quindi quasi trasparenti.

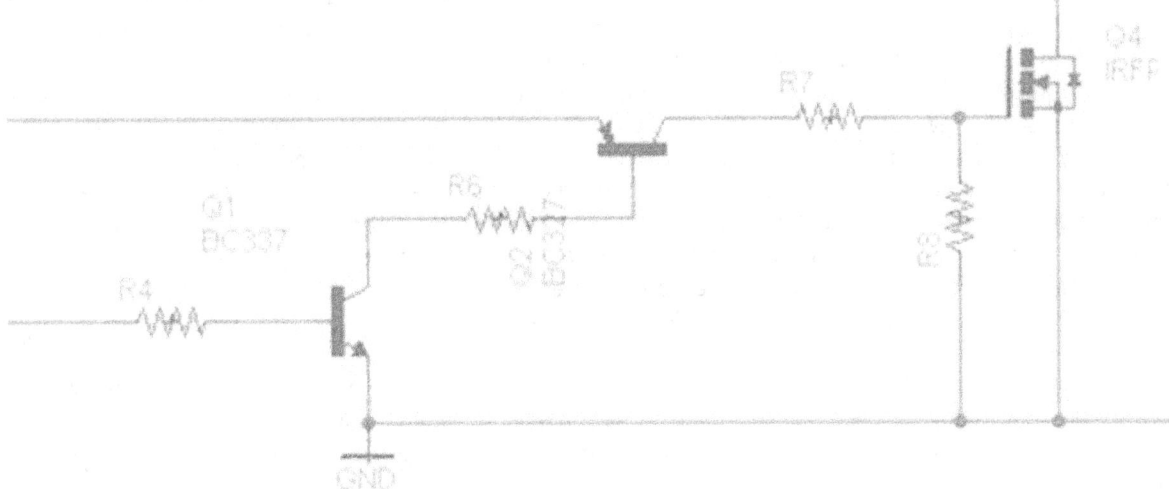

Alla linea a cui è connessa R4 giunge un segnale stazionario ON/OFF dal pin del microcontrollore, quindi da 0 a 5 Volt. Al medesimo punto è connesso anche il diodo LED verde, con la sua resistenza da 10k (farà una luce bassina ma non abbiamo interesse ad alzarla, a meno che questo LED non venga portato a qualche pannellino frontale).
La maglia costituita dal pin alto dell'uscita del PIC, la resistenza R4, la giunzione Vbe, soddisfa l'equazione:

Ib R4 - Vbe - Vrb1 = 0

Dove con Vrb1 si intende la tensione presente al pin del PIC quando l'uscita è alta. Mettendo in evidenza la corrente Ib si ottiene:

Ib= (Vrb1 + Vbe)/R4

sostituendo i valori noti all'interno dell'equazione si ottiene:

Ib = (5V-0,6V)/1500 = 2,9 mA

Questa corrente garantisce una saturazione abbastanza profonda del BC337 che alle misure, come ai datascheet mostrano un hfe mai minore di 250 (a volte raggiunge i 350), per una corrente Ic max di 0,8 A.
In queste condizione di pilotaggio della base la tensione Vce scende a valori molto bassi (mai maggiori di 0,2V) quindi praticamente collega a massa la resistenza posta in base del BJT PNP indicato con Q2. Al fine di non distruggere la giunzione B-E viene inserita la R6, la maglia di base va soggetta a calcoli simili a quelli visti per l'NPN, e data l'analogia circuitale si avranno in uscita dalla base circa 2 milliampere. Dato che questi due milliampere vanno verso massa tramite le giunzione tra collettore e mettitore dell'NPN la soluzione non è accettabile come stadio di ingresso di segnali audio. Questi subirebbero una perdita non trascurabile, cosa invece insignificante in un segnale in tensione fissa alta a 5 Volt o a onda quadra come nel nostro caso.
L'oscilloscopio dimostra infatti un'ottima resa del segnale tra emettitore e massa (quindi a monte) e collettore massa (quindi a valle) del circuito di interdizione di linea. Le forme d'onda sono infatti praticamente uguali

Sezione controllo di potenza switching

Va tenuto presente che il MOSFET IRFP460, risulterà in molti casi sovradimensionato dato che è in grado di sostenere tensioni di interruzione anche di 500 volt, con una corrente di 20 ampere. sarà possibile sostituire il componente con elementi più adatti alla propria realizzazione. La piedinatura predisposta sullo stampato gate,drain, surce (da sinistra verso destra)vi permetterà di sostituire agevolmente il componente mentre le resistenze sulla maglia di gate potranno rimanere in moltissimi casi invariate.

Il parametro fondamentale per la scelta, oltre agli ovvi Vds e Ids (rispettivamente tensione di interruzione tra Drain e surce e corrente di attraversamento del canale, ovvero quella che attraverserà anche il carico) è la resistenza denominato RDon, ovvero quella presentata dal canale conduttivo quando il componente è pilotato in modo da presentarsi con la massima conducibilità tra drain e surce. Quanto più è basso questo valore e tanta meno energia verrà sottratta da quella trasferita dal generatore al carico per essere trasformata in calore. Il MOSFET qui usato ha una RDon pari a 0,024 ohm (24 milliom) che non è male ma si può fare di meglio.

Il MOSFET IRF1010, ad esempio ha una RDon pari a 0,012, quindi esattamente la metà.

Se IRF1010 ha una corrente IDS di ben 84A, contro i 20A del IRFP460 e una RDon dimezzata allora perché non adoperare sempre questo invece che il IRFP460? La risposta è perché questo ha una tensione di interruzione di 60V anziché 500V e quindi in molte applicazioni potrebbe andare in corto il canale a causa dei picchi non ricircolati dovuti ai carichi induttivi.

Morale della favola, in ogni applicazione bisogna ben ponderare la scelta della componentistica a seconda dei carichi e delle modalità in cui lavorerà il circuito.

Un altro MOSFET molto valido per applicazioni di questo tipo è il IRFP70N, che porta una corrente di ben 70A e una tensione di 60V. Probabilmente è quello ideale come scopi generali con motoriduttori che sono tipicamente usati in applicazioni automobilistiche, camper, camion e imbarcazioni. La piedinatura e l'housing è la stessa di quello indicato nello schema. Cliccando sotto puoi scaricare il databook.

La international Rectifier produce invece questo ottimo componente che con una capacità di interruzione di 60V garantisce una RDSon pari a solo 0.009 Ohm, con la possibilità di ridurla a circa 0,0045 ohm facendo lavorare due elementi in parallelo, o scendendo ulteriormente parallelandone un numero maggiore. La possibilità di collegare più elementi in parellolo è tipica dei Mosfet, e decisamente sconsigliata per i transistor BJT, dato che i mosfet presentano un coefficiente di temperatura, che ne determina le perdite di potenza e quindi la dissipazione in calore, positivo e non negativo come i BJT.

Il MOSFET di default con cui presento l'articolo ed ho sviluppato le prove sul prototipo è invece prodotto dalla ST microelettronic e il databooke scaricabile da qui sotto:

Una soluzione economica, ma accettabile, è data dal MOSFET IRFP450, in molti casi interscambiabile con quello di default, anche se la sua resistenza di canale attivo è piuttosto alta, maggiore di 30 Milli ohm e la sua corrente massima, pur essendo adeguata a praticamente tutti i motoriduttori che prenderemo in considerazione, si abbassa a 14A massimi.

Seguendo questo link troverete un'utile tabella compartiva dei Mosfet più comuni. Ricordiamoci che, come si vede bene anche dallo schema, il nostro mosfet è un canale H ad arrichimento.

http://www.wvshare.com/column/MOSFET_Device.htm

Facciamo alcune considerazioni aggiuntive su questa sezione ti potenza pilotata in PWM dicendo che in alcuni casi si potrebbe, potenza trasmessa permettendo, sostituire il mosfet con un più economico TIP122, che pur avendo il case di tipo TO220, quindi più piccolo, ha la piedinatura omologa (base->gate, collettore->drain, emettitore->surce) nella stessa posizione, quindi si potrebbe saldare nella stessa posizione. Questo componente limita la potenza a un valore comunque di rispetto, difatti potremmo pilotarci il classico motoriduttore D.C. con indotto a 12V impiegato negli alzacristalli delle autovetture e molto impiegato, data al facilità di reperimento (ai campi di recupero) per le tesine scolastiche. In molte occasioni ho spedito i miei giovani studenti a procurarsi motori di questo tipo negli sfascia carrozze.

Una modifica di questo tipo comporta però qualche piccolo ragionamento che faremo in appendice di fine pagina.

Sezione inversione di marcia

E' noto che l'inversione di marcia degli attuatori DC si ottiene genericamente con un ponte H. Esistono molte maniere per realizzarlo anche se genericamente è formato da quattro elementi, di solito BJT disposti su due rami totem-pole affacciati i cui ponti centrali, (tra collettore emettitore di ogni totem) è il punto di equilibrio che andremo a sbilanciare tramite i segnali di comando prodotti da un generico sistema di controllo. Il livello di tensione presentato dal sistema di comando/controllo è diverso a seconda di chi lo produce, ad esempio +24DC se siamo collegati alle uscite di un PLC con uscite standard a transistor, oppure +12 volt DC se otteniamo i segnali da due pulsanti collegati alla batteria di una autovettura, oppure semplicemente i livelli standard TTL quando ci si vuole interfacciare a un sistema di controllo a microprocessore/microcontrollore.

I ponti H nelle loro configurazioni di base hanno alcune problematiche, come quello di andare in corto circuito se usati da un operatore/programmatore non attento, si vede infatti facilmente che chiudendo entrambi gli elementi dello stesso totem si crea un corto circuito di solito distruttivo per gli elementi di commutazione.

I ponti H realizzati come spiega la teoria più grossolana, ovvero quella che troviamo dappertutto, sono realizzati con quattro elementi uguali, solitamente transistor NPN, senza tenere conto che le basi di questi quattro elementi non si trovano allo stesso potenziale, e che la polarizzazione comporta dei problemi dato che la maglia di controllo degli elementi "superiori" si trovano ad avere in emettitore anche la somma delle cadute di tensione non solo delle giunzioni ma addirittura quella di indotto del motore. Il transistor superiore non lavora in condizioni ottimali ma si migliora la situazione montando due transistor PNP in posizione superiore ma con l'onere aggiuntivo di invertire il livello logico di comando rispetto ai loro compagni PNP.

In questo caso si impegnano 4 uscite del microcontrollore invece che 2 e si tengono disgiunte le basi di comando. I transistor PNP in alto saturano meglio e non scalderanno

I relè individuati come più idonei per la realizzazione sono gli RT114012.

A pagina 3 del databook abbiamo una importante raccolta di informazioni che ci permetterà di individuare ogni modello analogo prodotto da Siemens. (le sigle variano leggermente in altre case).

- RT = relè miniaturizzato per montaggio a circuito stampato
- 1 = 1 polo, 12A
- 1 = distribuzione dei pin standard, NC verso la bobina e il pin da solo è il comune
- 4 = contatti in argento nichel con percentuali 90/10
- 012= tensione di alimentazione della bobina

Con questa leggenda siamo in grado di identificare l'oggetto siglato RT114012, ovvero il nostro relè con uno scambio e bobina a 12 volt, le le ultime tre cifre finali fossero state 524 allora la bobina andava alimentata a 24 volt.

Uno valore aggiunto alla sicurezza che comandi non siano conflittuanti e distruttivi è raggiunto implementando il ponte con questa configurazione a relè che <u>difatti impedisce il corto circuito verso massa</u>.

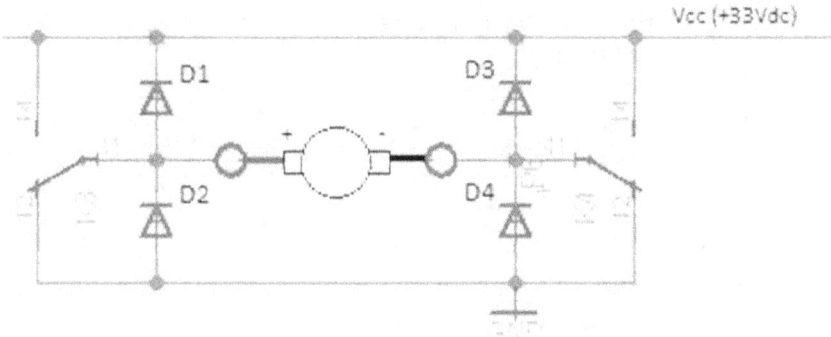

L'analisi elettromeccanica si fa abbastanza intuitivamente. Notiamo innanzitutto che in stato di riposo (bobine diseccitate) il motore si trova con i morsetti del collettore tra massa e massa che ovviamente significa motore fermo.

agendo sulla sola bobina di K3 si chiude il contatto 11-14 collegando il positivo del motore all'alimentazione positiva, ed essendo il percorso chiuso verso massa (in questo esempio) il motore si porta in marcia nel senso del suo avvolgimento fisico, che noi identifichiamo come marcia avanti.

Supponiamo ora di dare un comando errato, ovvero di forzare il motore ad eseguire contemporaneamente la marcia indietro eccitando la bobina di K4, il circuito si apre dalla massa, e il motore si troverà con i morsetti connessi tra due punti equipotenziale che ovviamente comporta l'interruzione del passaggio di corrente. Il motore si ferma.

La prima bobina che si diseccita, a partire da questa posizione, determina il verso di partenza del motore. In maniera del tutto analoga si ragiona se ad eccitarsi per prima fosse la bobina K4 che porterebbe il motore in marcia indietro. Ne consegue che il ponte fornisce la maggiore sicurezza ottenibile da queste configurazioni ad H, anche nel **caso che** un contatto o entrambi rimanessero incollati, cosa che si verifica se non si prevede un buon sistema di spegnimento degli archi sotto spiegato.

Sezione di ricircolo (modulo opzionale esterno)

Il ricircolo dell'energia dovuto alle extracorrenti induttive, in fase ti interruzione di comando, che causano uno sbalzo di tensione invertita potenzialmente dannosa o addirittura distruttiva per gli elementi finali di potenza del controller, avviene sul singolo diodo veloce che vediamo nello schema indicato con P600K.

Questa soluzione è accettabile durante l'uso a contatti (in marcia avanti o in marcia indietro) ben chiusi, ma a volte non molto efficace, specialmente se l'apertura dei due contatti che si vengono a trovare in serie al motore non dovesse essere simultanea.

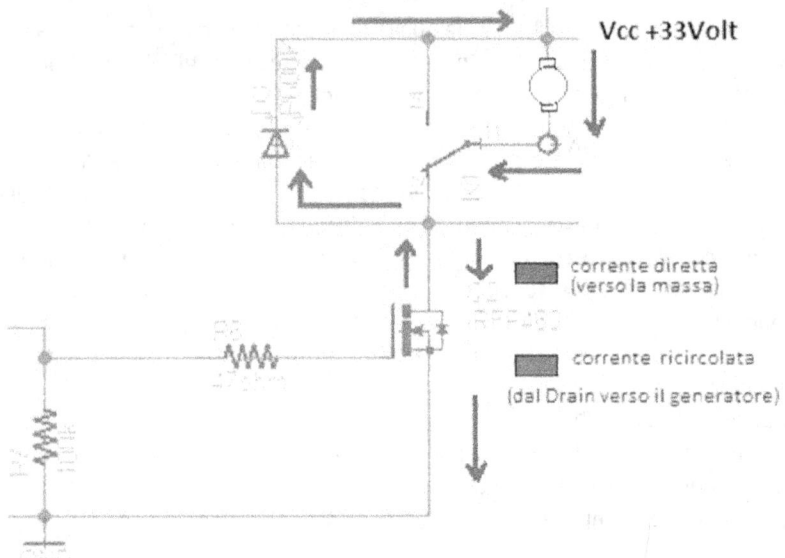

Chiarendo meglio il concetto, il diodo sullo stampato è molto efficace per l'uso dello shield con poche manovre di comando e lunghi periodi di funzionamento, esempio, accendo il motore e lo lascio acceso per lungo tempo nello stesso senso di marcia, anche variando la velocità, dato che i contatti diventano niente di più che pezzi di collegamento elettrico (come se fossero fili). La configurazione del ricircolo diventa la classica con catodo a +Vcc e anodo alla giunzione in commutazione sia per la marcia avanti che per la marcia indietro.

Durante il funzionamento con molte interruzioni di marcia oppure repentini cambi di direzione questa soluzione è al limite della funzionalità e vedremo svilupparsi (con motori un po grossi) dei fastidiosi archi sui contatti dei relè. (con motori piccoli non avviene oppure è accettabile).

Per eliminare gli archi sui contatti quando si usano motori con correnti di indotto elevate e vi sono frequenti manovre di inversione è opportuno collegare i diodi di ricircolo come in figura:

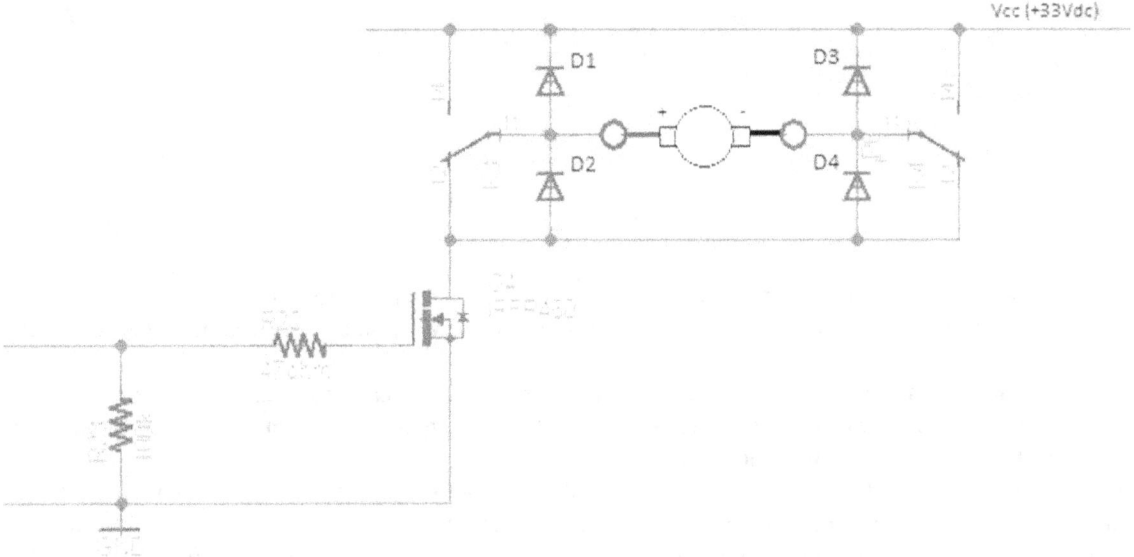

I diodi svolgono al seguente funzione:
- D1 spegne l'arco sul contatto N.A. di K3, fase stop della marcia avanti.
- D2 spegne l'arco sul contatto N.C. di K3, fase di stop della marcia indietro.

- D3 spegne l'arco sul contatto N.A di K4, fase di spegnimento della marcia indietro.
- D4 spegne l'arco sul contatto N.C di K4, fase di spegnimento della marcia avanti.

E' bene costruire un piccolo modulo esterno su cui alloggiare i quattro diodi svincolandosi così dalle dimensioni ridotte dello stampato. In questo caso non è necessario montare il diodo di ricircolo sul PCB.

Esistono ottimi diodi di ricircolo con housing T0220 che permettono anche una ottima dissipazione termica. Indifferentemente dai diodi di ricircolo che sceglierete per la vostra realizzazione assicuratevi che essi siano di tipo schottky, che assicurano un tempo di intervento molto più rapido così che le tensioni induttive non facciano a tempo a raggiungere valori estremamente elevati. Si ha anche un vantaggio in fatto di corrente da ricircolare che potrebbe, in funzione dei brevi tempi di intervento, rimanere limitata al paio di ampere.

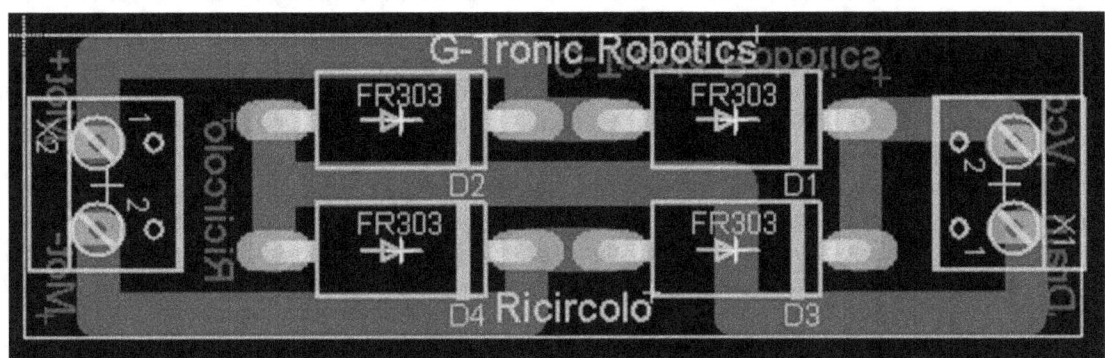

Circuito stampato Eagle per i diodi di ricircolo

Lo schema elettrico è nella foto sottostante, i punti di connessione con la scheda sono i seguenti:
- X1-1 ->collegare nella piazzola dell'anodo del diodo non montata onboard, corrisponde al drain del Mosfet
- X1-2 ->collegare alla tensione positiva di alimentazione del motore (portare un cavo in parallelo)
- x2-1 ->Morsetto positivo dell'indotto del motore
- X2-2->Morsetto negativo dell'indotto del motore

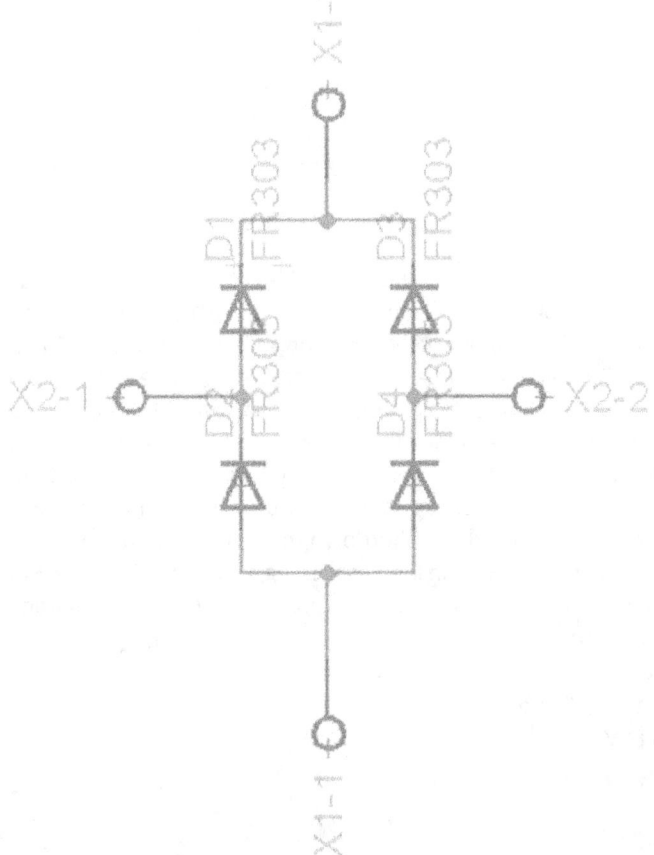

Scarica il progetto completo Eagle (contiene anche i file gerber) ->
http://www.gtronic.it/community/cap15_power_inverter_file/ricircolo_esterno.zip
Sezione di alimentazione

I classici regolatori di tensione della serie LM78xx presentano l'inconveniente di accettare in input tensioni dichiarate di circa 36 Vdc, e di avere oltre ad un dropout di circa 2 volt, una dissipazione termica piuttosto elevata specie quando gli si chiede di eseguire un salto di regolazione piuttosto alto, ad esempio oltre 21V dato che si vuole ottenere l'alimentazione del dispositivo dalla raddrizzata a 24Vac di input (nel secondario del trafo), che diventano quindi 33Vdc, ai capi del condensatore di livellamento. L'alimentazione dei motoriduttori DC in questo caso è prelevata dalla rete tramite un trasformatore con secondario a 24Vac, raddrizzati tramite un robusto ponte di diodi (di oltre 20 A, a seconda del numero e della stazza dei motoriduttori inseriti nel rover filo alimentato, con indotto a 36 volt). Fatto sta che i regolatori LM78xx sono a <u>rischio di esplosione</u> a causa della vicinanza con il margine massimo di tensione in input, spesso superato a causa delle fluttuazioni dovute alle reazioni di indotto dei motori connessi alla stessa linea.

Si è difatti verificato che il primo prototipo, in cui si era pensato di eseguire la regolazione con tre salti successivi LM7824->LM7812->LM7805 che questi esplodessero disalimentando il circuito.

La soluzione è stata quella di eliminare il regolatore a 5V dato che il timer NE555 funziona in maniera ottimale anche a +12Vdc, e contestualmente eseguire un unico salto con il regolatore L200 anziché con in due LM7824->LM7812, dato che questi sopporta agevolmente in input una tensione di oltre 40Volt, quindi con un sufficiente margine di sicurezza rispetto ai 33Vac con cui si sono alimentati i motori. Abbiamo quindi che il Robot, o CNC, o macchina che usa i riduttori, potrà montare tranquillamente attuatori con indotto fino a 36Vdc (leggermente sottoalimentati quando la tensione è ottenuta dalla raddrizzata livellata del secondario di un comune trasformatore con avvolgimento secondario a 24Vac, oppure ottimizzata quando sia possibile raddrizzare e livellare un trasformatore da 25.45Vac se fosse reperibile. La teoria infatti dimostra che tra il valore efficace e il valore di picco di una sinusoide monofase vi è un rapporto che sta come la radice quadrata di 2 che vale circa 1,41).

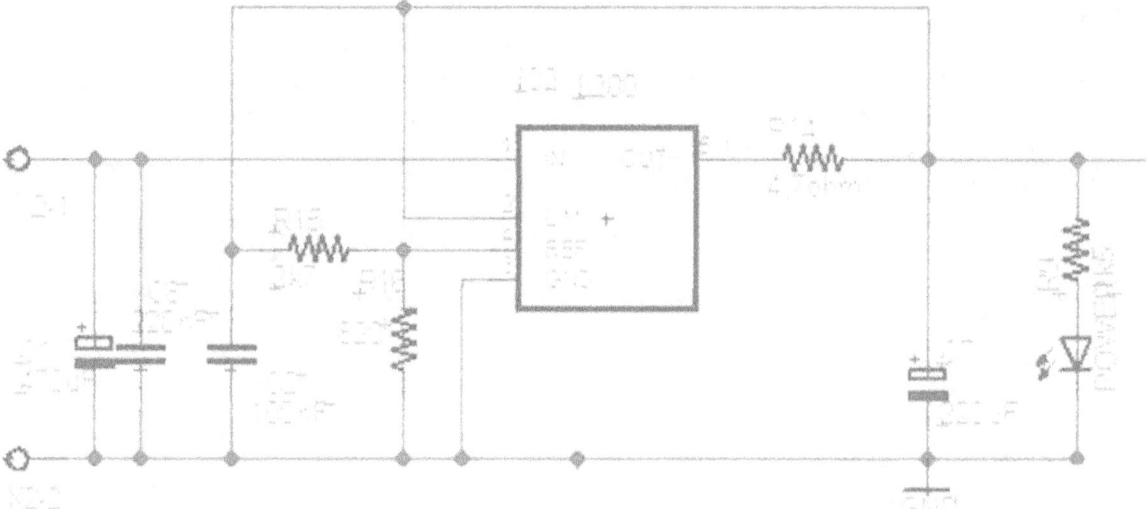

L200 è un integrato un po datato, prodotto dalla SGS-Thomson microelettronics, disponibile con housing tipo pentawatt (quindi con 5 piedini na con ua struttura simile alla serie di regolatori LM78xx, oppure più robusta TO-3 con 4 piedini e il quinto, gnd, connesso alla carcassa metallica. Sono classificati dalla casa costruttrice come "Adjustable voltage and current regulator" dato che sono in grado tramite una sorta di programmazione hardware, implementata tramite alcune resistenze, di fissare la tensione di uscita indipendentemente da quella di ingresso, purché compatibile, e anche la corrente massima che forniranno su questa tensione svincolandola dalla variabilità del carico (una sorta di protezione sulla corrente massima). Il dispositivo è munito di protezione termica automatica indicata nella documentazione come "Thermal overload protection" che lo pone di fatto in shutdown, quindi lo spegne. Benchè i parametri tipici di funzionamento siano fissati a 40volt di tensione massima in ingresso, si legge sul databook che è in grado di sopportare sbalzi di tensione fino a 60Volt, valore in cui il dispositivo si pone in protezione (input overvoltage protection at 60Vdc). Ulteriori specifiche tecniche dell' L200 sono:

- Corrente di uscita regolabile oltre i 2A anche se le temperature di giunzione arrivassero a Ti=150°C
- Tensione regolabile in uscita che può scendere sotto i 2,85 volt
- Protezione dalle extra tensione in ingresso fino a 60Vdc per 10ms
- protetto contro i cortocircuiti
- protezione termica
- bassa corrente di assorbimento quando è in standby
- dropout (salto di tensione input->output sopportato di 32 volt).

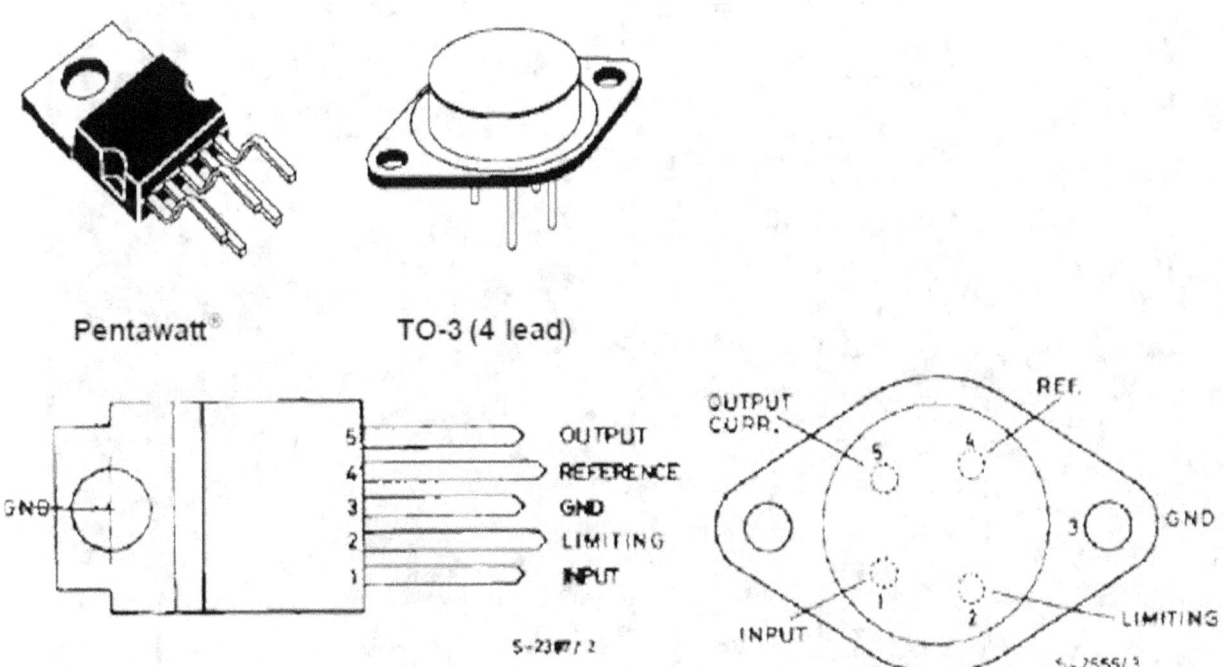

Per la nostra applicazione, ovvero il pilotaggio di un motoriduttore DC con indotto spazzole e collettore ed eccitazione a magnete permanente, con tensione alle spazzole di circa 36 Vdc ottenute da una raddrizzata e poi livellata dal secondario di un trasformatore di opportuna potenza (dipende dal numero di motori nel Robot e quindi dal numero di mini shield impiegati), la programmazione del dispositivo, al fine di avere in output 12Vdc, utili per le bobine dei relè e 2 ampere di corrente di limitazione, sufficienti per le due bobine più il consumo piuttosto basso del generatore PWM, si effettua agendo su 2 resistenze per la tensione stabilizzata in uscita e una resistenza per la limitazione di corrente. Guardando lo scheda sovrariportato si hanno R15 e R16 utili per fissare al tensione a 12V e R14 per fissare la soglia di limitazione della corrente massima a 2A. Le formule impiegate sono Io(max) = (V5-2)/R3 per la soglia di protezione della corrente massima di uscita e Vo=Vref*(1+R15/R16) per fisare la tensione di uscita.

Procediamo al semplice calcolo della corrente di limitazione invertendo l'equazione dato che noi conosciamo Iomax=2A da noi fissato.

Iomax=2A=(V5-2)/R3

La nostra incognita è R3

giro l'equazione moltiplicando ambo i membri per R3 e dividendo ambo i membri per Iomax, eseguendo le ovvie semplificazioni tra numeratore e denominatore si ottiene:

R3=(12-2)/2=5ohm

impiegando il valore 4,7ohm si ottiene una piccola correzione del valore che passa dai 2A inizialmente richiesti ai 2,12A ottenuti praticamente con la resistenza ritoccata da 5ohm a 4,7ohm.

Per fissare il valore dell'uscita a 12V si procede invece fissando il valore di R16 a quello consigliato dalla casa costruttrice, quindi gli 820 ohm che vediamo nel databook e applicando Vo=Vref*(1+R15/R16) in cui si ha Vin 33Dc che sarebbe la raddrizzata e livellata in input. Anche in questo caso dobbiamo girare l'equazione. Si ottiene R15 pari a 2k7 ohm. I condensati da 220nF in input e da 100nF in output al poliestere sono consigliati dalla casa costruttrice e impediscono l'innesco di auto oscillazioni. Attenzione che il dissipatore termico dell'housing è connesso a gnd, mentre la parte metallica dissipativa dei mosfet è al drain quindi vanno isolate elettricamente dall'aletta di raffreddamento se messo in comune tra regolatore e mosfet di potenza.

Sbroglio del circuito e sviluppo del PCB.

Come si nota dallo schema elettrico il progetto è sviluppato in Eagle che sappiamo contenere un discreto algoritmo di autorooting. In merito ho scritto 3 tutorial che sono reperibili sul mio sito personale, su grix, oppure in copia a questo indirizzo http://www.guiott.com/ sezione tutorial eserci cad 1,2,3.

Eseguito lo sbroglio è necessario definire un layout ottimizzato che mi ha dato i risultati visibili nella prossima foto:

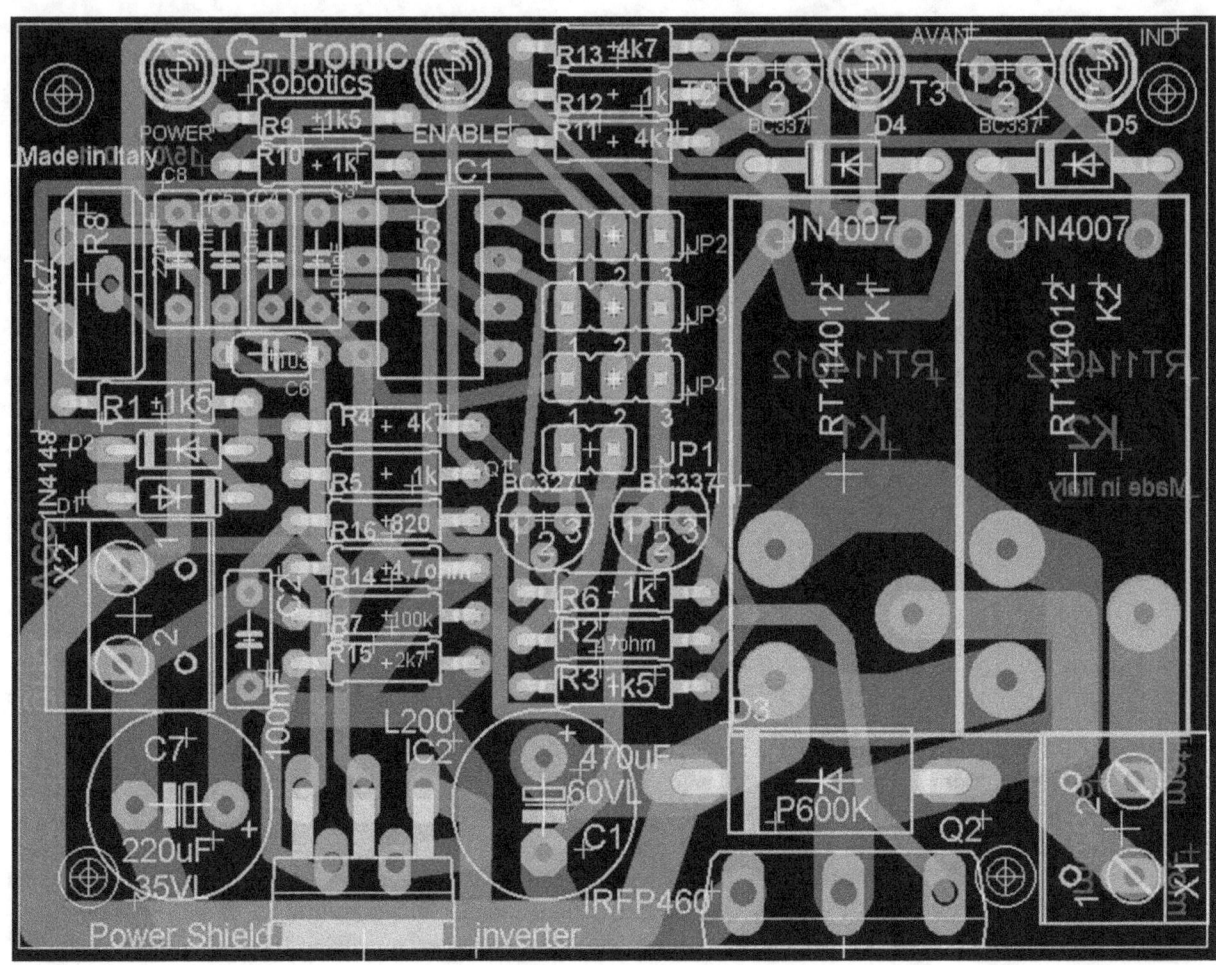

Nell'immagine del layout sono ben visibili i valori di tutti i componenti. I relè sono di tipo RT114012 con bobina a 12V e uno scambio in grado di portare una corrente in maniera continuata di 12 ampere che andrà a pilotare direttamente l'indotto del motore. Notiamo che le piste in cui è presente un'altra corrente sono state ottimizzate in larghezza e lunghezza, infatti i percorsi di queste correnti sono stati minimizzati verso i morsetti grazie a un layout bel congeniato.

il PCB ottenuto è questo:

Nella prossima foto il lato saldature del PCB

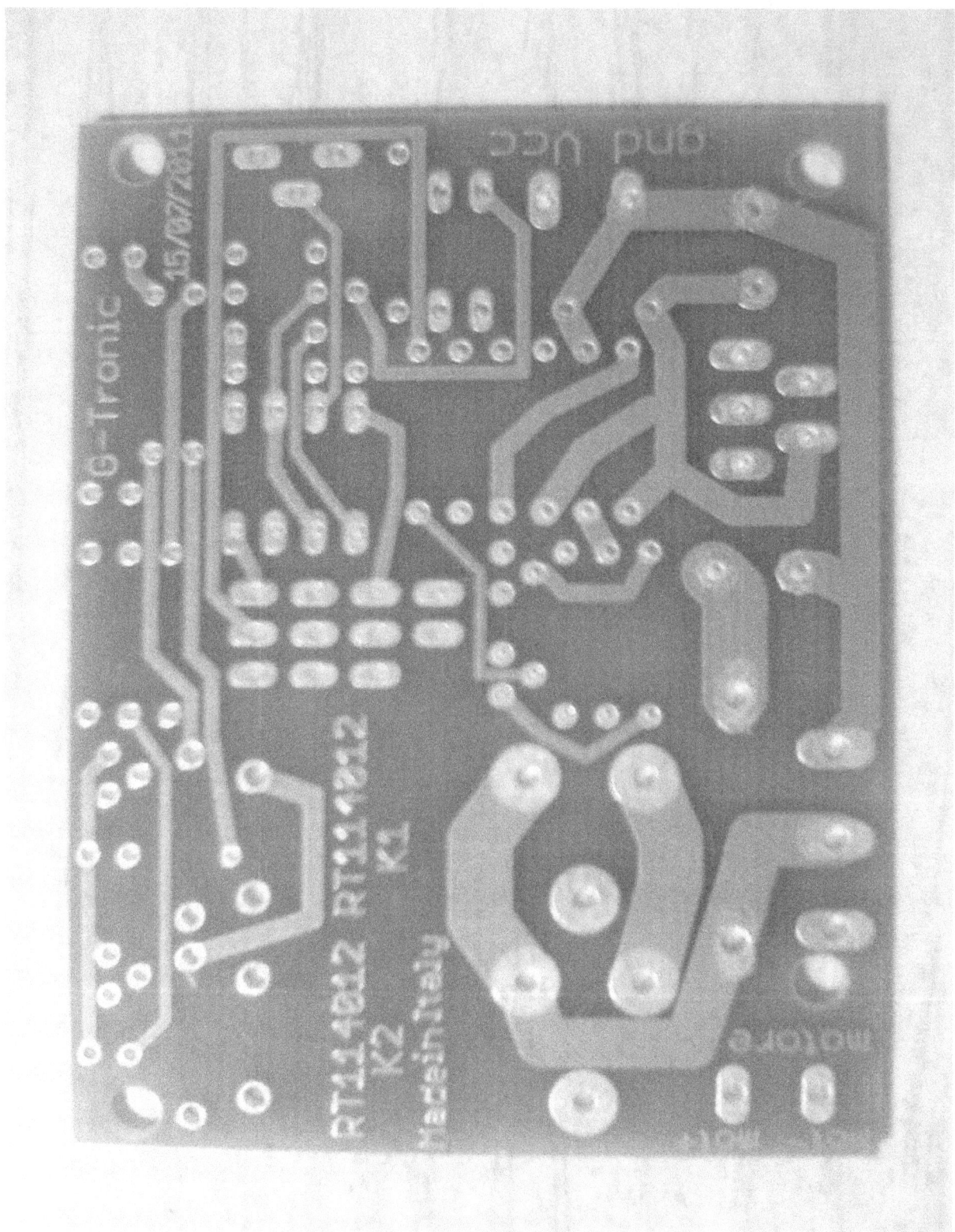

Da notare la scritta Made in Italy e la data della realizzazione.
Il PCB misura solo 66mm x 49mm.
I circuiti stampati sopra riportati sono disponibili fino ad esaurimento delle scorte, chi fosse interessato può richiedermeli all'indirizzo mail ad.noctis@gmail.com   Vi saranno forniti al prezzo di costo sostenuto per realizzarli e il prezzo di spedizione.
Per costruire un semplice ROVER avrete bisogno di due di questi PCB più una Micro-GT mini.

Anteprima 3D
Da qualche tempo, prima di eseguire la realizzazione del PCB verifico il layout e l'aspetto della realizzazione eseguendo il disegno 3D della basetta.
Si procede installando due software aggiuntivi:
- POVray
- Eagle3D

Entrambi reperibili in internet. Una volta eseguita l'istallazione avrete l'amara sorpresa che il funzionamento richiede una serie si settaggi aggiuntivi tutt'altro che semplici e intuitivi.
Facendola breve avrete difficoltà con le librerie e nella generazione da parte di Eagle del file interpretabile dal POVRAY che altro non è che un visualizzatore e rendering di files ottenuti con diversi CAD, difatti non è nato per Eagle.

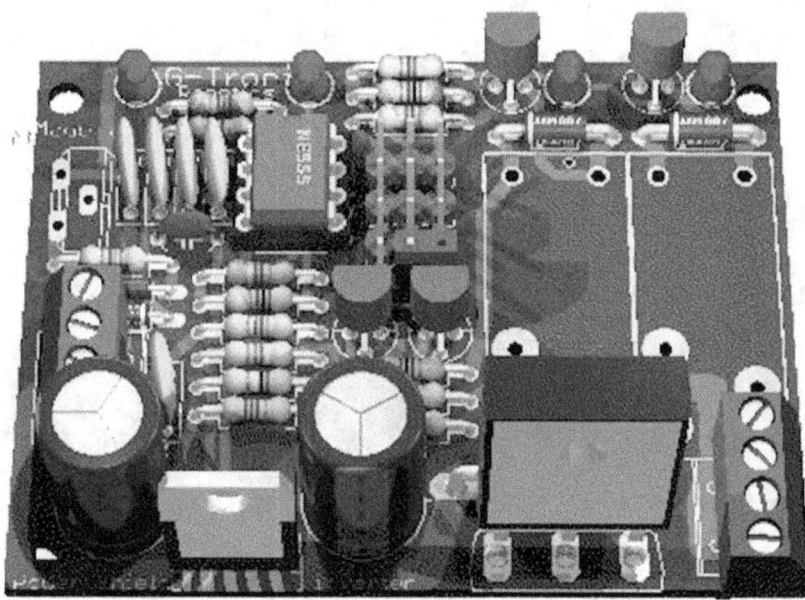

Il risultato, se riuscite a configurare il POVray e nella foto che vedete. Un suggerimento per risolvere i problemi in compilazione e di librerie è quello di eseguire la compilazione da dentro la cartella include il povray e non quella di Eagle.
 Il sistema completo.
Per ottenere una buona applicazione di questo minishield di potenza è bene dotarsi di almeno questo materiale:
- una Micro-Gt mini (o una analoga scheda programmabile) per il controllo logico.
- uno (o più, difatti con la Micro-GT mini, possiamo pilotarne più di 16) minishield PWM power inverter.
- uno (o un numero pari ai mini shield) modulo di ricircolo esterno se si usano motori di grossa taglia.

Il prodotto finito mostrato nella fotto sottostante:

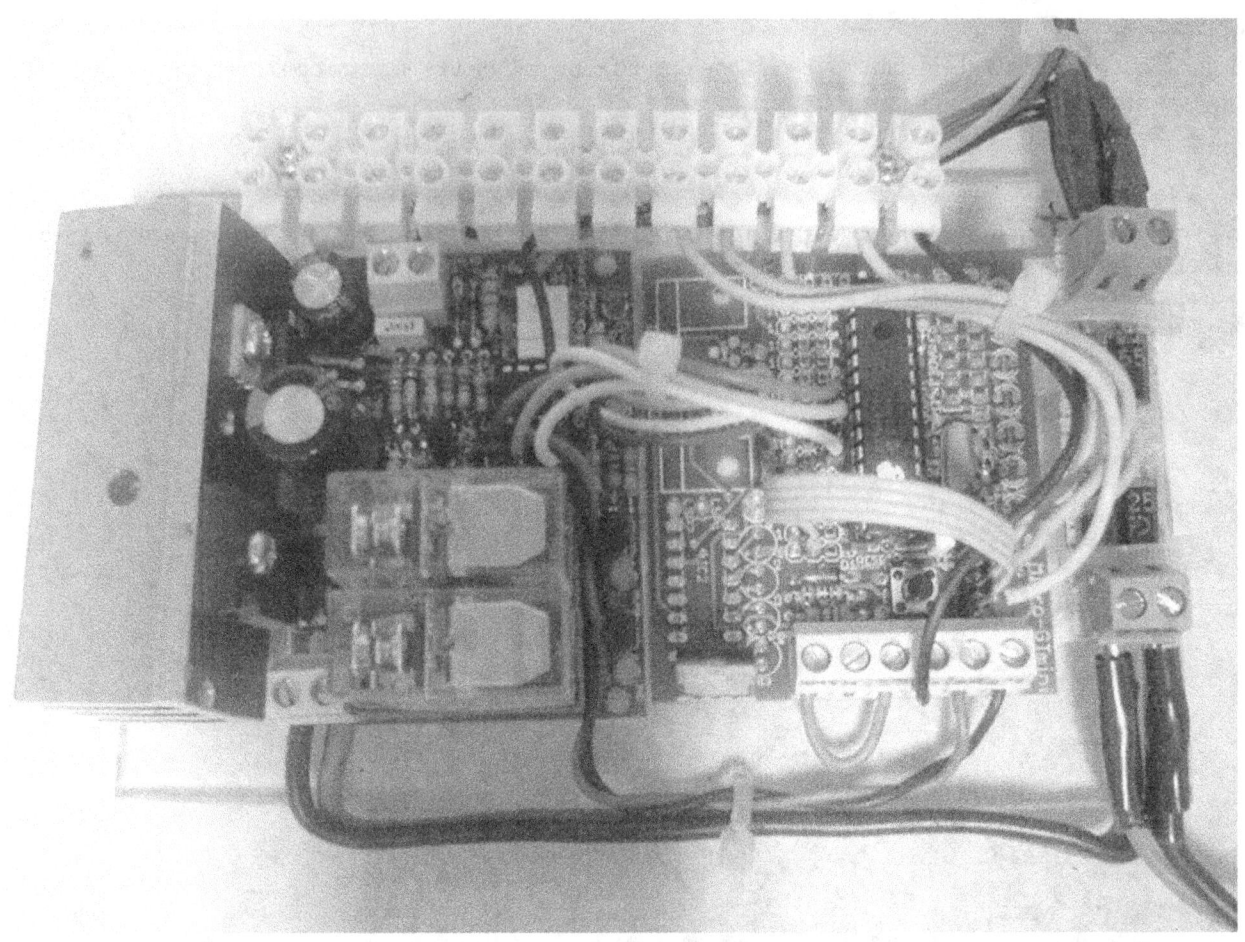

A partire da sinistra vediamo, un esemplare di "mini shield PWM power inverter", nel quale sono stati montati dei relè con contatto da 18A continui. Bisogna ricordarsi di isolare il mosfet dall'aletta di raffreddamento, oppure isolare questa dalla massa (sconsigliato). In ogni caso, il TO dell'L200 e il drain del mosfet non devono suonare continuità con il cerca corti del tester. In caso di errore non si distruzione di alcun elemento ma si bypassa il controllo di velocità dato che drain e surce del mosfet risultano in corto, ma il motore è presente come carico per la tensione applica. Si porta quindi alla velocità di rotazione dei dati di targa se alimentato alla Vnominale.

Alla destra del Mini shield un esemplare di Micro-GT mini in cui sono stati assemblati solo i componenti essenziali per la specifica applicazione, quindi ho tolto la porta di comunicazione e quindi il traslatore di livello MAX232. Sono stai eliminati gli strip line, e anche i LED utili durante il funzionamento come demoboard. Un assemblaggio di questo tipo risulta estremamente economico.

A destra il modulo esterno di ricircolo, in questo caso realizzato con quattro diodi P600k, ma qualsiasi altro diodo purché veloce e meglio se schottky va bene.

Appendice di fine pagina.

Varianti e applicazioni del mini shield PWM power inverter.

Presentiamo ora 3 varianti e applicazioni di questa scheda elettronica in modo che il lettore si possa rendere conto della sua utilità. Esistono molte altre situazioni in cui si potrà utilizzare. diamo ora solo le più ovvie e intuitive cercando di supportare le affermazioni con un po' di nozionismo tecnico.

Sono in fase di sviluppo una serie di tesine scolastiche che utilizzano questo mini shield (cancelli automatici, controllo accessi, parcheggi, semafori, carico scarico silos, controllo livelli, ecc). Invito tuttii colleghi insegnanti delle scuole superiori o della formazione professionale a partecipare/collaborare a questo progetto e ai futuri minischield anche semplicemente portando esperienze o richiedendo progetti a temi.

I codici sorgenti in C non sono stati riportati in questa pubblicazione perché è risultata già molto prolissa nella sola presentazione dell'hardware, ma si sono aperte una infinità di strade.

Aspetto commenti e suggerimenti o richieste di PCB per una didattica più efficace all'indirizzo ad.noctis@gmail.com

Variante 1: Quando non ci interessa invertire la marcia.

L'inversione di marcia è ovviamente resa possibile dalla presenza del ponte H realizzato con i due relè RT114012, che pur essendo contenuto hanno un loro costo come hanno anche un costo gli zoccoli su cui è bene montarli. Se non siamo interessati a invertire la marcia del motore DC che collegheremo è logico pensare di poterli eliminare.

Direttamente sullo stampato, quindi non istalliamo neanche gli zoccoli, ponticelliamo con filo di rame piena, ottenuta ad esempio dal taglio dei reofori dei diodi di ricircolo i contatti:
- 11-14 del relè K1
- 11-12 del relè K2.

Otteniamo quanto visibile in figura:

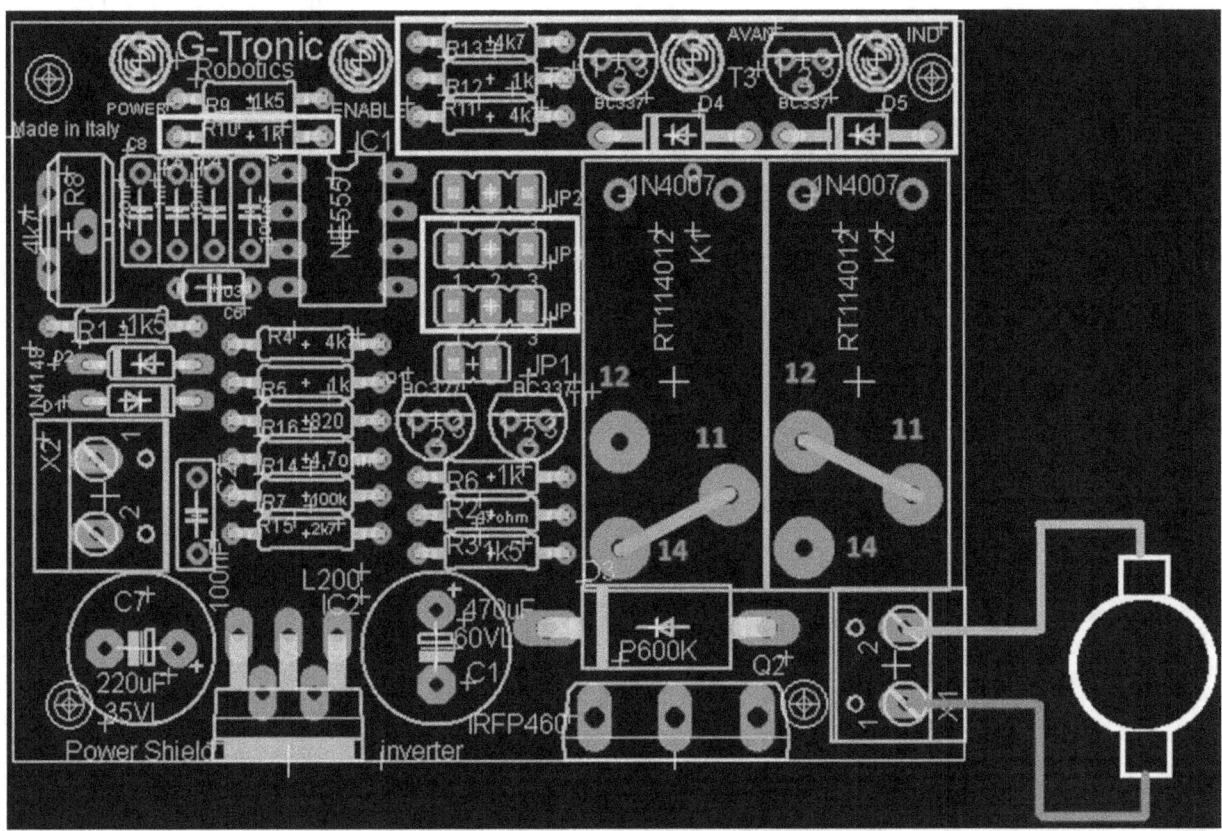

Tutti gli elementi dentro ai rettangoli rosa potranno non essere assemblati, si tratta infatti dei circuiti di pilotaggio delle bobine dei relè mancanti. Il costo dello shield viene notevolmente abbattuto.

Per quanto riguarda il diodo di ricircolo P600K (o in alternativa FR303) questo si troverà installato nella corretta posizione. Ovvio è che se l'applicazione richiedesse una regolazione definitiva della velocità e che questa fosse disponibile all'utente, allora si potrà sostituire il potenziometro con il trimmer come del resto indicato nella serigrafia.

Variante 2: Pilotare i motoriduttori per alzacristalli.

Se non si prevedono coppie resistenti applicate all'asse ampiamente variabili e l'istallazione di motori per alzacristalli per auto allora la corrente è di circa 1A in regime ad asse libero, e non supera praticamente mai i 3-4 ampere in fase di avvio e in fase di blocco del rotore. Possiamo allora istallare i darlighton NPN di tipo TIP122.

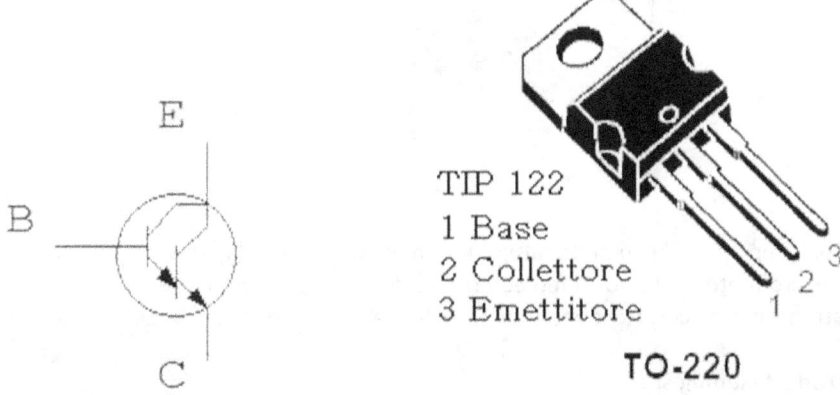

La piedinatura risulta totalmente compatibile, anche se i fori risulteranno un po più larghi e le piazzole distanziate. E' bene munire il transistor di un piccolo dissipatore, anche di quelli a "C" recuperati da una vecchia scheda.

Come è chiaro dallo schema interno questo particolare transistor pur componendosi di due elementi si presenta esternamente con i medesimi terminali di uno singolo che continuano a chiamarsi Base, Collettore, Emettitore.
Ne ha vantaggio il guadagno complessivo di corrente che diventa l prodotto delle due hfe.
Si ottiene in questo modo un transistor che pur essendo per applicazioni di potenza è sufficientemente morbido in base da poter essere pilotato fino alla saturazione con pochi milliampere. Il componente sopporta in maniera continua 5A in maniera impulsiva circa 8A (databook). La saturazione avviene con una corrente di base di circa 10mA quindi per una tensione TTL di pilotaggio (+5V) bisognerà sostituire la resistenza R6(nello schema da 47 ohm) con una resistenza da 330 ohm. La resistenza R7 potrà invece essere omessa ma la sua installazione non pregiudicherà il funzionamento del circuito. La sequenza Base, Collettore, Emettitore è la medesima di Gate, Drain, Surce quindi possiamo istallare nella stessa posizione ma ricordiamoci di tenere la parte metallica verso l'esterno della scheda (del resto, al contrario oltre alla errata sequenza dei pin risulterebbe anche impossibile montare il dissipatore.

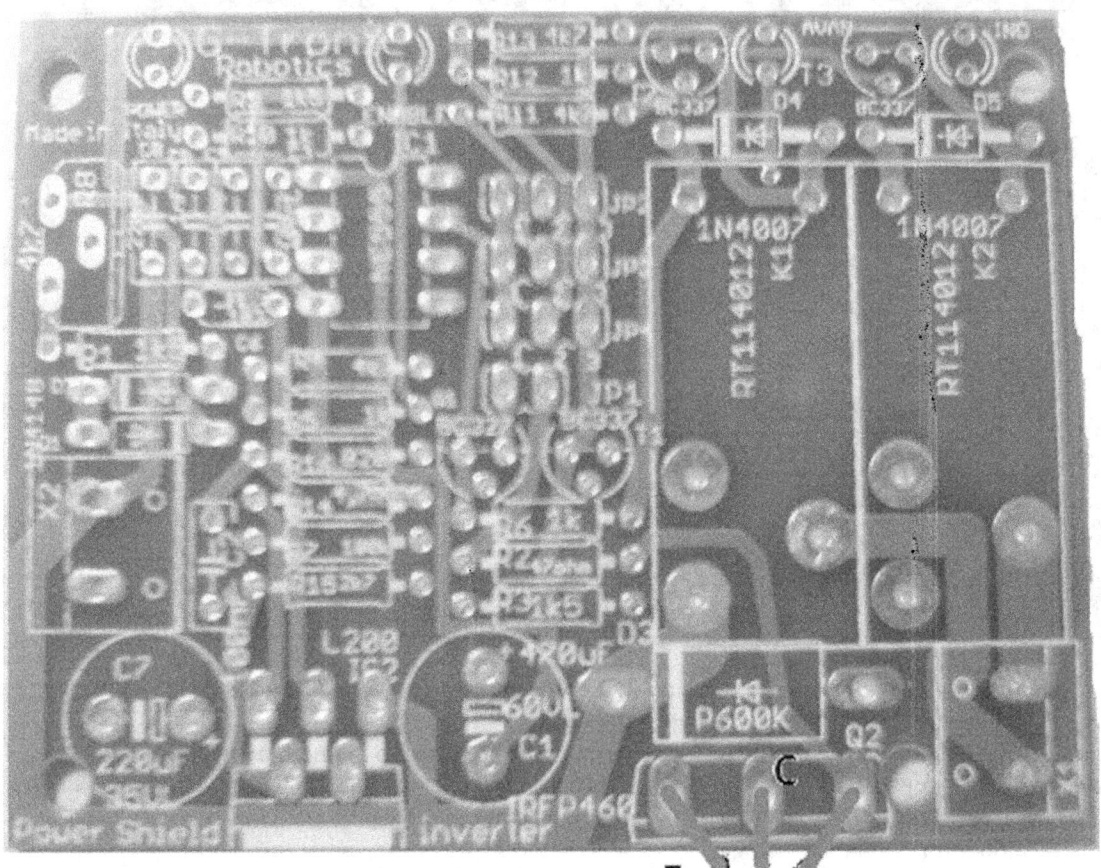

modifica del mini shield
PWM power inverte per
applicazioni leggere
(5A continui, 8A impulsivi)

ing. Gottardo Marco

In effetti adeguando il transistor è possibile impiegare il pcb per qualsiasi carico di potenza (limitatamente al massimo testato), quindi se vogliamo pilotare un micro motore DC, possiamo addirittura sfruttare il supporto per alloggiare un BC337 o simile, facendo ovviamente attenzione al coretto dimensionamento della rete di polarizzazione, benché limitata alle resistenza R6.
Variante 3: Pilotare una plafoniera a LED ad alta luminosità.
Dato che il controllo PWM per il pilotaggio dei LED non deve essere necessariamente cosi alto, sono sufficienti 100 o 200 Hz anziché 22Khz come è mediamente il PWM ottimale per il controllo di questi motoriduttori, e che la corrente sarà al massimo un paio di ampere possiamo usare il TIP122, transistor darlinghton al posto del costoso Mosfet.

E' anche possibile eliminare il diodo di ricircolo dato che il carico non ha natura induttiva.

Plafoniera a LED bianchi per illuminotecnica. Il sistema e' stato collaudato su questa con un ottimo effetto di linearità della regolazione e assenza di flicker.
Alla massima intensità la luce e' abbagliante. La plafoniera non e' comunque originale rispetto a quella fornita a titolo di esempio dal costruttore. Sono state apportate sostanziali modifiche circuitali per poterla alimentare in continua.

Il motore DC.
Come già detto non vi è differenza strutturale tra la macchina usata come generatore (dinamo) e come motore. Ricordo solo, a titolo puramente accademico che la dinamo è il convertitore di energia da meccanica ad elettrica mentre il motore, viceversa, converte l'energia elettrica in meccanica.
I sistemi di eccitazione rimangono gli stessi dell'uso come dinamo, magari con qualche ottimizzazione:

- Eccitazione serie
- Eccitazione derivata
- Eccitazione a magnete permanente.

Per quanto riguarda i primi due metodi, possono essere implementati in "autoeccitazione" quando le bobine in serie o in parallelo all'indotto usate per l'eccitazione sono appunto attraversate dalla medesima corrente (serie) o dalla corrente derivata (parallelo) della medesima alimentazione. Oppure indipendente quando pure mantenendo la stessa forma e posizione, le bobine di eccitazione sono alimentate da una fonte esterna.
Ovviamente nella versione a magnete permanente ci penserà una calamita statorica a creare il campo **B** di induzione.
La macchina D.C. trova più impiego come motore che come generatore data l'ampia possibilità di regolazione e nel contempo la possibilità di miniaturizzazione che la porta ad essere impiega in asservimenti di ogni genere specie di tipo domestico, ludico e auto motive. Ciò non esclude un'ampia possibilità di utilizzo in ambito industriale anche se spesso si ricorre ai motori asincroni trifase (M.A.T.) per la grande potenza che possono facilmente convertire.
Vediamo lo schema di principio del funzionamento di un motore DC con indotto a spazzole e collettore ed eccitazione a magnete permanente.
Osserviamo la figura: Lo statore è formato da un magnete permanente le cui linee di induzione come di consueto escono dal polo **N** (nord). Supponiamo che inizialmente l'unica spira che rappresenta l'indotto si trovi su un piano perpendicolare a tali linee di campo. Il contorno della spira, supposta quadrata di lato **a** identifichi quindi la superficie $\Sigma = a^2$. Ne viene identificato il flusso concatenato $\Phi = B\Sigma$. Se questo flusso è costante non c'è f.e.m. alle spazzole e quindi la spira va in corto circuito, ma come stiamo per vedere subito la spira si mette in moto variando la superficie che mostra frontalmente all'induttore. Se ne origina una variazione di flusso concatenato che genera una f.e.m. indotta di tipo controelettromotrice (vedi legge di Lenz in appendice). Che grazie al suo segno negativo si oppone quasi in toto alla tensione che alimenta la spira. Non può opporsi totalmente per due motivi:
1. Le perdite energetiche non sono nulle e sono immancabili.
2. Se si opponesse completamente la f.e.m. di alimentazione meno la f.e.m. di reazione darebbe zero, quindi non ci sarebbe corrente nella spira e il fenomeno si estingue.

Verificato che se il motore si avvia (il rotore non è bloccato) la spira non va in corto possiamo continuare con la nostra analisi.

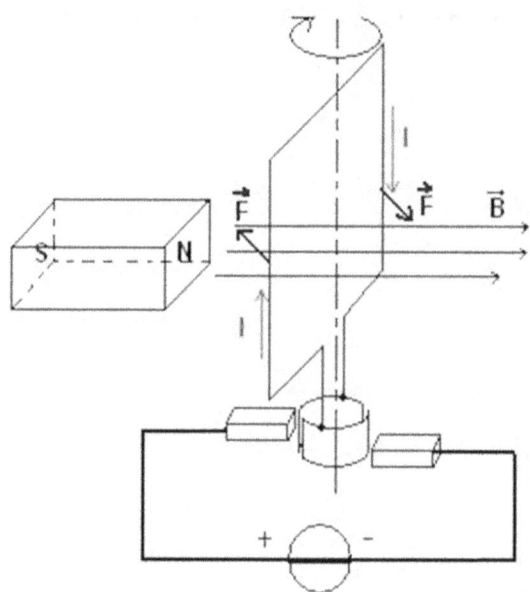

Supponiamo che come indicato nella figura l'alimentazione alle spazzole abbia il positivo nel lato di sinistra e il negativo su quello di destra. Ripeschiamo dal dimenticatoio alcuni basilari concetti di fisica.

Legge della mano destra nel motore DC:
mettiamo la mano come in figura

Analizziamo il significato delle tre ditone...che come vediamo vanno tenute tutte perpendicolari tra loro.
Il lavoro dell'indice è quello di indicare..... quindi indica il verso della corrente, il medio..e tutti i miei allievi di solito ridono, non serve per i gestacci ma per indicare il campo B.....   come promemoria si pensi che "indica il lato B" e non lo dimenticherete più.
Il pollice invece è la risultante, ovvero la forza che poi darà origine alla coppia.
Aggiungiamo alla foto della mano i vettori che indicano queste tre grandezze.

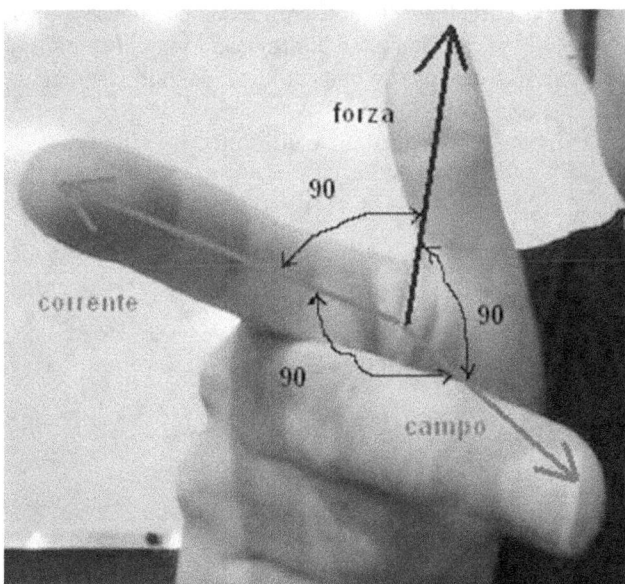

Ora prendiamo in esame il disegno del principio di funzionamento della pagina precedente. Analizziamo il lato sinistro della spira, tenendo ben rigido il sistema **F-I-B** nelle dita appoggiamo l'indice sulla corrente del foglio (quella che sale) e contemporaneamente il medio nel verso del campo. La posizione magari è un po scomoda ma se stampate o fate un disegno più grande su un foglio di carta vi sarà più agevole. Vi assicuro che è un investimento che vale la pena. Comunque vi accorgerete che in automatico il pollice indica il verso della forza nella direzione dove si trova la calamita.
Ripetete il ragionamento sul lato destro e vi accorgerete che F andrà dalla porte opposta.

E' evidente che si è creata una coppia di forze che per definizione da origine a un momento angolare Ω che è all'origine della **coppia**. Ovvero la spira entra in rotazione.
Vi lascio come esercizio la prova di invertire, sulla carta il generatore di tensione che alimenta l'indotto.
Che cosa avete notato che succede?
..... esatto, J in un motore D.C. spazzole collettore con eccitazione a magnete permanente invertendo la tensione all'indotto si inverte il verso di rotazione.
Nota bene: la questione non è scontata in ogni motore D.C., prendiamo infatti come esempio il campo magnetico sviluppato da un solenoide (vedi glossario) rettilineo. Il campo di induzione che si sviluppa coassialmente ha il verso che dipende dalla polarità di alimentazione dell'avvolgimento. Se ne deduce che se sostituisco il magnete permanente con questa bobina se cambio polarità cambio senso di marcia? NO ! sbagliatissimo, infatti si inverte il campo B ma anche la coppia di forze nella spira di conseguenza:
in un motore DC, spazzole collettore con eccitazione derivata anche invertendo la polarità ai morsetti di alimentazione la marcia del motore va nella stessa direzione che dipende dal verso fisico di avvolgimento delle bobine in fase di costruzione.
Ancora diversa è la situazione se si considera un motore che pur avendo l'induttore "avvolto" riceve la corrente di eccitazione da una fonte indipendente rispetto ai terminali di collettore (indotto).

Costruiamo la prima interfaccia di controllo:

Da quanto esposto si è dedotto che per invertire la marcia di un mot. DC a collettore ed eccitazione a magnete permanente è sufficiente invertire la tensione alle spazzole. Come fare se abbiamo a disposizione una fonte unipolare (leggasi continua). Data la forte analogia con un argomento già postato in uno dei miei precedenti articoli, per le prossime righe ripesco alcune foto e spiegazioni dato che ben si integrano e se le dovessi rifare verrebbero uguali. Diversa sarà invece la realizzazione pratica della scheda di inversione che è prodotta nella fabbrica cinese che mi ha già fornito la MicroGT-PIC e disegnata con Eagle. Sono anche ben cosciente delle osservazioni postomi in merito alla configurazione circuitale che comunque continuo a realizzare così dato che è ben testata e funzionante. Ottima soprattutto per l'apprendimento dei concetti di base come si confà ad un tutorial. Mi verrà contestato che in caso di "errato comando" i darlighton si bruciano, e la mia risposta rimane la stessa, cioè evitiamo di dare comandi erronei (anche perché sono errori molto di base), e testiamo i software senza collegare l'alimentazione di potenza (come verrebbe spontaneo a qualunque tecnico delle automazioni). I due led, rosso e verde, presenti nell'interfaccia hanno anche lo scopo di segnalare la presenza di comandi incompatibili, ovvero marcia avanti assieme a marcia indietro che comportano la rottura del ponte. Se qualcuno ne capisce di programmazione di PLC e microcontrollori avrà già intuito che questo comando <u>non</u> può arrivare in presenza di un interblocco software all'interno del programma. Con questo non voglio dire che non esistano configurazioni più complesse e più sicure. Ricordiamoci comunque che nei casi in cui non sia necessaria la regolazione della velocità (tecnica PWM) molti eseguono ancora il ponte usando semplicemente i contatti puliti dei relè. Un ultimo appunto in merito, quando un microcontrollore ha un problema..del tipo si rompe, le sue uscite si forzano basse e non alte...sarebbe molto grave se non fosse così.
Dunque, in linea di principio il ponte ad H funziona come indicato nello schema funzionale qui sotto:

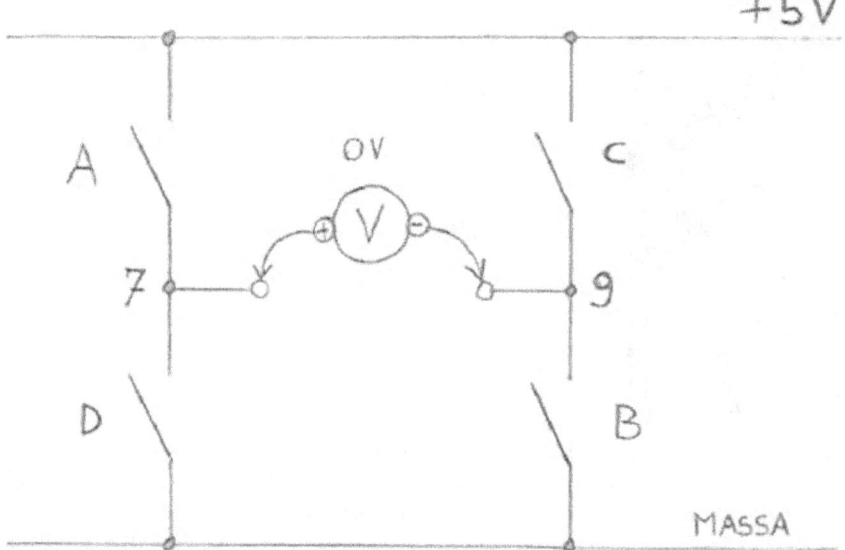

IL ramo di equilibrio non è attraversato da alcuna corrente ed essendo tutti e quattro i contatti aperti i nodi 7 e 9 risultano al medesimo potenziale flottante la cui differenza misurata dallo strumento è zero.

Indichiamo con A-B-C-D i quattro contatti fittizi che nel concreto saranno rappresentati dai 4 transistor mosfet o darlighton che useremo.

Supponiamo ora che vengano a crearsi tramite un dispositivo di controllo quale potrebbe essere un microcontrollore o un PLC, le condizioni di comando di marcia avanti, questo comporta la chiusura dei contatti A-B come in figura.

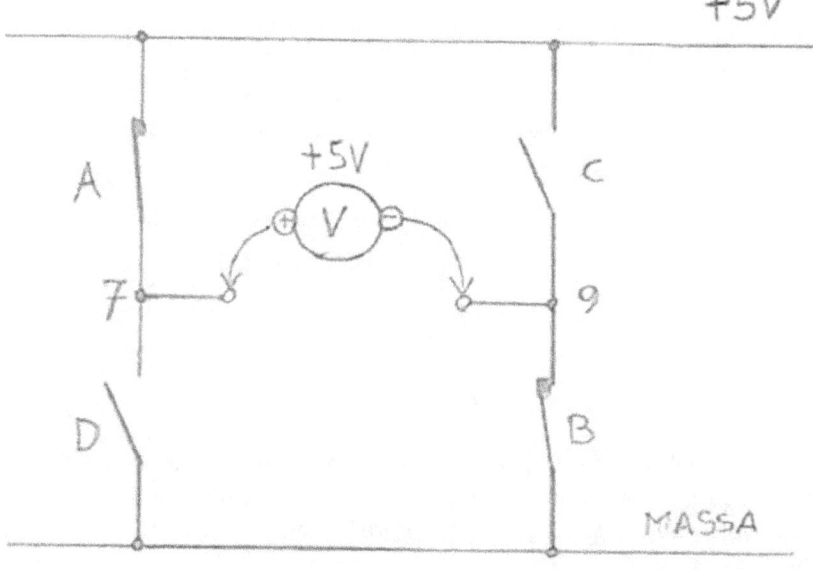

In questa situazione il punto 7 risulta collegato al ramo Vcc a tensione +5V interni, mentre il punto 9 risulta collegato a massa. Lo strumento sarà attraversato da una minima corrente di fuga (il voltmetro ha resistenza interna elevatissima) che farà comparire una caduta di tensione positiva con riferimenti punti 7-9. Nel caso vi fosse collegato il motore questo sarebbe percorso da una corrente di indotto da sinistra verso destra che lo mette in marcia avanti.

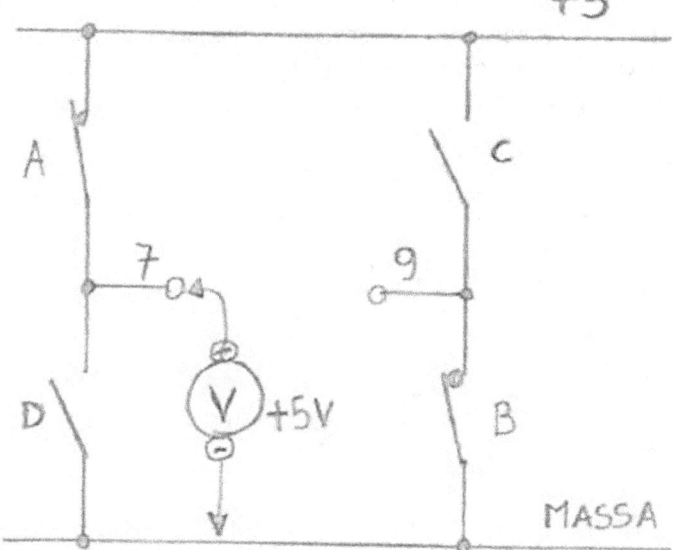

IL voltmetro segna +5 volt (o comunque la tensione a cui alimentiamo il ponte) solo nel ramo sinistro correttamente riferiti alla massa del circuito, quindi potremmo sfruttare questo "bit" TTL come segnale di comando di marcia avanti del ponte H esterno rinforzato, che andremo a creare. L'atro ramo (punto 9) risulta vincolato a massa quindi fornisce uno zero logico bello stabile.

Eseguiamo lo stesso ragionamento per il ramo destro. Chiudiamo innanzitutto i contatti della diagonale complementare ovvero C-D come in figura:

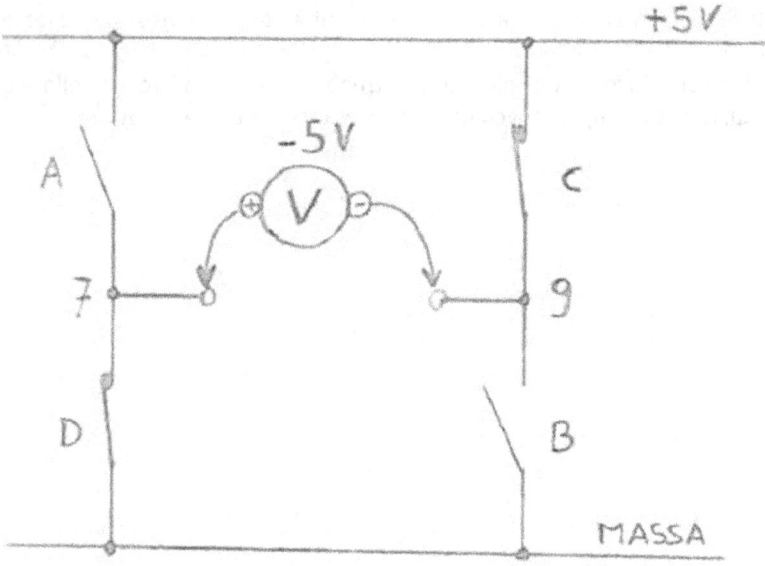

Ovviamente non dobbiamo invertire i puntali del voltmetro perché questo corrisponderebbe a invertire i morsetti dell'indotto del motore. Vedremo comparire una tensione negativa -5V dato che il puntale nero si trova connesso a +Vcc e il rosso alla massa del circuito. Se ci fosse collegato il motore l'indotto sarebbe attraversato da destra verso sinistra mettendolo il rotore in marcia indietro.
In questa condizione di funzionamento un voltmetro inserito nella gamba destra dell'inverter segnerebbe +5V (o comunque il valore di alimentazione del ponte).

Usando Eagle si è ottenuto un circuito molto compatto e nel contempo robusto e funzionale. Le piste sono state disegnate di largo spessore vista la notevole corrente che si potrebbero trovare a gestire e il supporto PCB è ricavato da un laminato di tipo FR4 in grado di sopportare elevati schok termici ed ovviamente ignifugo.

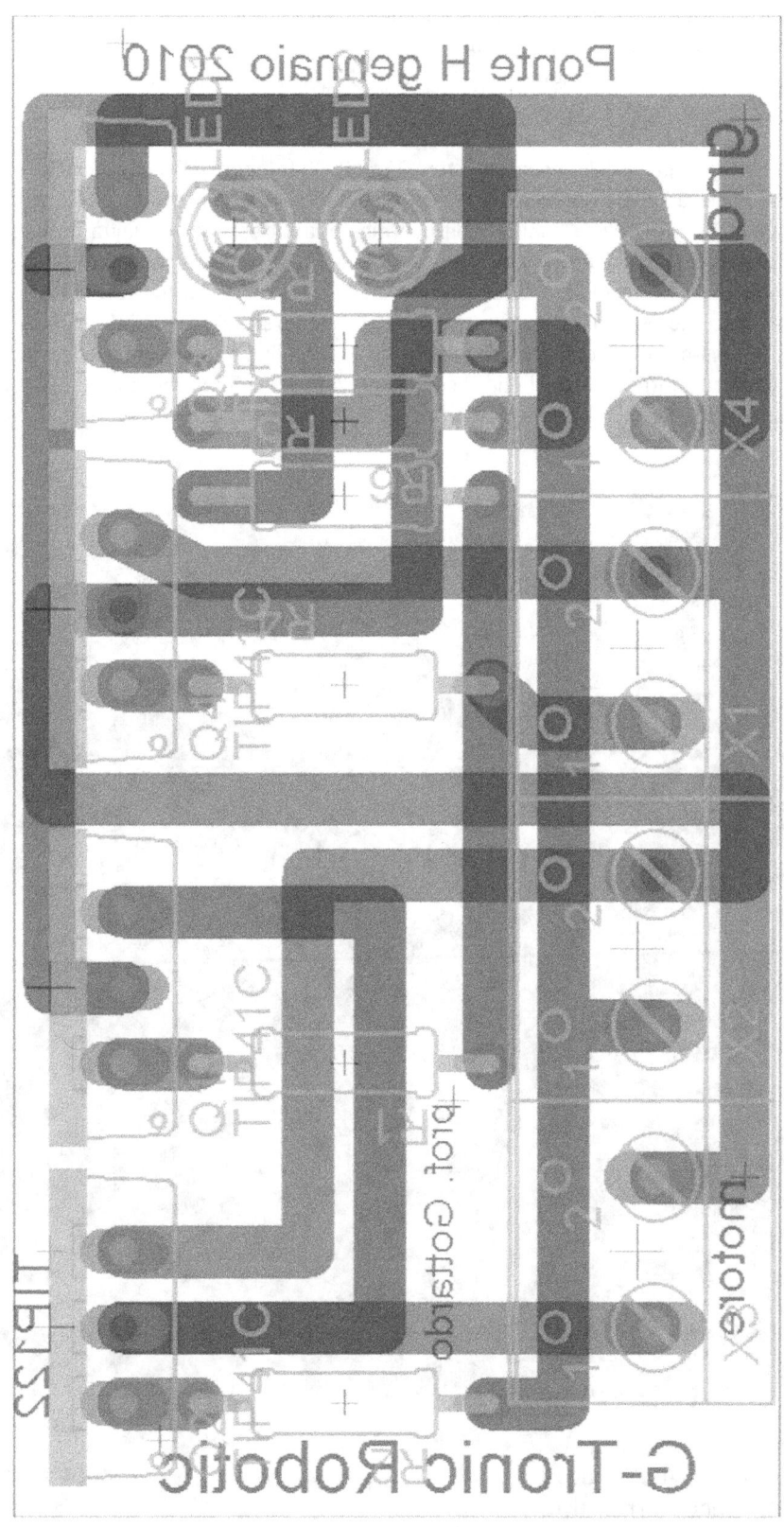

Questo PCB misura **50mm x 26mm**. I file necessari alla realizzazione del PCB usando il CAD Eagle sono scaricabili dal link sottostante, una volta scompattata la cartella sul desktop, trascinatela nella sezione progetti del control panel di Eagle. Aprite il progetto e fate doppio click sul file schematico. Il board viene poi richiamato automaticamente dall'interno di Eagle con l'apposito tasto.

Scarica la cartella del progetto in eagle "ponte ad H: http://www.gtronic.it/energiaingioco/it/scienza/inverter mot dc/ponte H.zip

Per la realizzazione automatizzata dei PCB tramite macchine a controllo numerico è necessario convertire il disegno CAD in un insieme di files comunemente detti gerber. Essi contengono le informazioni relative ai diametri dei fori e delle loro coordinate, le serigrafie, la posizione e gli spessori delle piste sia sul lato saldature che sul lato componenti, la soldermask ecc.

download la cartella compressa contenete i files gerber. :

http://www.gtronic.it/energiaingioco/it/scienza/inverter%20mot%20dc/ponte_H%20gerber.zip

Il primo esemplare del ponte ad H professionale è stato assemblato durante il corso di "elettronica di base" che ho tenuto al centro culturale Z.I.P. Gli allievi hanno subito verificato la differenza di qualità del prodotto professionale rispetto allo stesso homemade. Le saldature sono molto agevoli dato che i fori sono metallizzati e ricoperti da una prestagnatura. La costruzione in tecnologia "Dual Layer" non richiede, come previsto dalla versione precedente in FidoCad, disponibile nel mio sito personale, nessun ponte dato che le piste del piano inferiore sono collegate a quelle del piano superiore direttamente in fabbrica tramite appositi fori metallizzati denominati VIAS. Il PCB risulta inoltre di diversi millimetri più compatto oltre al fatto che la tecnologia **FR4** lo rende più robusto per le applicazioni di potenza. Infine il solder (vernice isolante verde) su ambo i lati e la chiara serigrafia nel lato componenti agevola notevolmente il montaggio.

I morsetti, da sinistra verso destra, sono:
- Indotto motore morsetto positivo
- Indotto motore morsetto negativo
- Comando motore avanti (arriva dal PLC o dal controllo)
- Massa del precedente comando (libero se le masse sono già in comune)
- Comando motore indietro (arriva dal PLC o dal controllo)
- Massa del precedente comando (libero se le masse sono già in comune)
- Alimentazione di potenza positiva.
- Alimentazione di potenza (massa)

In questa immagine vediamo il ponte ad H collegato ad un classico motore D.C. spazzole collettore a lamelle con eccitazione a magnete permanente. Solitamente questo è istallato nelle automobili e delegato all'asservimento dei finestrini laterali. Questo modello testato al banco richiede una corrente a vuoto di circa 100 mA, mentre in fase di generazione della coppia di avviamento (sempre a vuoto) richiede circa 1A. Come possiamo vedere dall'immagine possiede una riduzione piuttosto robusta ed eseguirà quando alimentato ai dati nominali (spesso detti dati di targa, in questo caso 12 volt). La riduzione farà eseguire a questo motore una rotazione dell'asse al secondo (prova al banco).

Due di questi motori sono stati montati sul robot autonomo denominato "optichair" che è in pratica una sedia a rotelle che assiste grazie a complessi algoritmi e alla presenza di due potenti computer di bordo pazienti affetti da stadi avanzati della SLA. Dopo un'interruzione "forzata" delle ricerche per lo sviluppo di questo automa, e lo smantellamento della versione 2, i lavori stanno per riprendere anche grazie a un gruppo di persone che crede nell'iniziativa e che è disposta a metterci del proprio se non meno dal punto di vista tecnico. Spero che presto potremmo presentare almeno all'università di Padova o altri centri ricerca pubblici o privati la "optichair 3" sgravata da tutte le limitazioni e bachi della versione precedente e con le migliorie tecniche dovute all'avanzamento che ha avuto la scienza nel frattempo.

Tornando al nostro sistemino di controllo del motore D.C. sarà possibile pilotarlo in PWM al fine di regolare anche la velocità aggiungendo, sfruttando i morsetti esterni di cablaggio, i 4 diodi shotky per il ricircolo delle extra correnti per effetto induttivo.

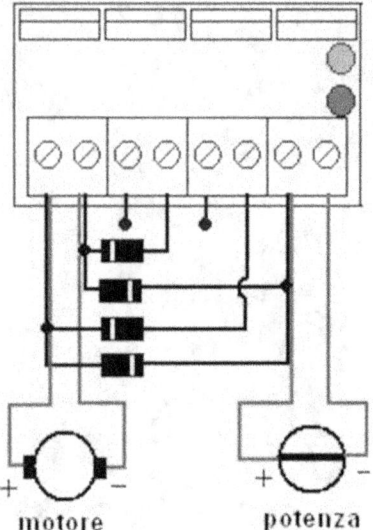

Come collegare i diodi di ricircolo (specifico per pcb G-Tronic Robotics)
Il significato dei colori è, come già detto:
- Blu -> comandi di marcia
- Rossi -> positivi del motore e dell'alimentazione di potenza
- Marroni -> Masse, una di queste masse deve collegarsi alla massa del sistema di controllo (PLC o sistema a microcontrollore).

Se qualcuno fosse interessato ad avere il PCB di questo circuito dispongo di alcuni pannellini contenenti ciascuno 10 esemplari. Potrei fornire questi pannellini per il solo rimborso delle spese sostenute per costruirli. Contattatemi con messaggio privato, sono disponibili fino ad esaurimento della piccola scorta.

Personalmente io li uso per piccole applicazioni civili ed industriali, interfacciamento con PLC, interfacciamenti elettromeccanici (pulsanti o joystik), esercitazioni scolastiche dato che il basso costo rende possibile l'esecuzione all'intera classe (venti esemplari), prove varie di laboratorio, robotica.

Appendice.

Grandezza continua: una grandezza (tensione o corrente) si dice continua quando per quanto fluttui e sia instabile rispetto a un valore nominale dato, <u>non passa mai sotto la linea di zero</u>. Il passaggio sotto lo zero implica infatti una inversione del verso di deriva degli elettroni divenendo così alternata.

Onda quadra: dicasi onda quadra una particolare forma di segnale continuo (vedi grandezza continua) costituita da un tempo di permanenza stazionaria (vedi sopra) alta pari al tempo stazionario basso. Ovviamente si intende che il segnale si ripete uguale ne tempo per un tempo indefinito, è cioè periodico. Dato che si definisce "Duty cycle" la percentuale della parte alta rispetto alla parte bassa di un segnale costruito come appena esposto, allora possiamo definire l'onda quadra come quella particolare onda rettangolare caratterizzata da un duty cycle del 50%.

Impedenza: Comportamento ohmico di un componente che per sua natura non e' ohmico, quali una capacita' o una induttanza, quando sollecitate con una tensione sinusoidale.

Sinusoide: Traccia lasciata in funzione del tempo dalla funzione trigonometrica seno. vedi video tutorial (circa 2 minuti) seguendo il link.

http://www.gtronic.it/energiaingioco/it/scienza/elettrotecnica/Sinusoide%20Gottardo%20ITA.3gp

seconda versione più completa.

http://www.gtronic.it/energiaingioco/it/scienza/elettrotecnica/Sinusoide%20lezione%20Gottardo.3gp

Fase: Benché' in molti ambiti con il termine fase si intenderà uno specifico cavo del circuito o della macchina elettrica il termine indica sempre un angolo. quindi fase=angolo.

Riferimenti per le fasi: La grandezza di riferimento è sempre la tensione rispetto al secondo termine di paragone che è la corrente. Quando si parla di carico "capacitivo" si verifica che la tensione è in ritardo di "pigreco mezzi radianti" ovvero 90° rispetto alla corrente. Viceversa, si parla di carico "induttivo" quando la tensione è in anticipo di 90° rispetto alla corrente.

Sfasamento: Presa come riferimento la fase della tensione "alfa", e confrontata con la fase delle corrente "beta" si chiama sfasamento la differenza "fi"=(alfa-beta). ovviamente "fi" è la nota lettera greca.

Fasore: con questo termine si indicherà la rappresentazione statica di tensioni e correnti che in regime sinusoidale risulterebbero sempre in movimento e quindi gestibili con calcoli piuttosto difficili di tipo trigonometrico o differenziale. Nel campo dei fasori vale un'algebra molto simile a quella vettoriale ma il cui campo di esistenza e' quello dei numeri complessi.

Valore efficace: il valore efficace di una grandezza periodica è quell' equivalente valore di tensione continua che nello stesso tempo trasferirebbe sullo stesso carico resistivo la stessa quantità di calore per effetto joule. Se la grandezza in esame fosse sinusoidale allora l'estrazione del valore efficace dal valore di picco avviene semplicemente dividendo per la radice di due (non vale per una generica forma d'onda).

Valore di picco: Valore massimo positivo raggiunto da una funzione periodica, più intuitiva nelle funzioni sinusoidali in cui si può pensare facilmente anche alla grandezza picco picco, ovvero dal massimo positivo al minimo negativo. Dividendo la tensione di picco di una sinusoide per radice di due si ottiene il precedentemente detto valore efficace.

Strumenti a valore efficace: Ad esempio un normale tester o multimetro digitale se non diversamente indicato. Dato che non è possibile visualizzare un valore oscillante è necessario portare a display un valore stabile quale una media e/o un valore efficace. Dato che la media di una sinusoide è zero non ci sarebbe nessuna utilità di informazione quindi si mostra il valore efficace. Alcuni strumenti mostrano informazioni simili ma comunque chiaramente indicate di che tipo. alcuni strumenti portano la dicitura true RMS.

seno: dicasi seno dell'angolo alfa la proiezione del punto di intersezione del raggio rotante con la circonferenza goniometrica sull'asse delle ordinate (asse verticale). Dato che il raggio della circonferenza goniometrica è 1 metro per definizione, il valore del seno dell'angolo alfa corrisponderà ad un valore metrico compreso tra -1 e +1.

Corrente elettrica: Effetto delle cariche elettriche negative (elettroni) attraverso una sezione di un circuito. unità di misura ampere. si misura inserendo lo strumento in serie al punto di interesse, si deve quindi interrompere il circuito originale. per non perturbare la grandezza in esame la resistenza interna dello strumento deve quindi essere il più possibile prossima a zero.

Tensione elettrica. Effetto delle cariche accumulate tra due punti di un circuito. unità di misura volt. Si misura inserendo lo strumento in parallelo al punto interessato. per non perturbare la misura lo strumento deve avere una resistenza interna così alta da risultare paragonabile a infinito (circuito aperto). La tensione si differenzia dalla differenza di potenziale (d.d.p.) perché al contrario di questa è in grado di produrre del lavoro elettrico trasformando nel punto del circuito dell'energia.

Regie stazionario: Considerata una rete elettrica lineare (quando contiene solo generatori e resistori) o non lineare (quando contiene anche elementi che non rispondono direttamente a una legge volt-amperometrica lineare, come diodi condensatori, induttanze, transistor, ecc) il regime di funzionamento si dice stazionari se per ogni punto della rete le derivate della tensione e della corrente sono sempre nulle in ogni istante. In questo tipo di funzionamento le induttanze si comportano come dei corti circuito mentre le capacità come degli interruttori aperti. Alcuni componenti potranno essere assimilati a dei generatori ideali equivalenti di tensione e di corrente, si pensi ad esempio al diodo rettificatore al silicio 1N4007, quando è polarizzato diretto esso presenterà una caduta costante tra anodo e catodo detta "Vu-gamma" pari a 0,6 V che potrà essere sostituita con un equivalente generatore di tensione.

Regime periodico sinusoidale: si trova in questo regime una rete alimentata con uno o più generatori di corrente e di tensione in grado di imprimere una forma d'onda sinusoidale la quale generalmente non presenta lo stesso angolo (fase) in ogni lato del circuito. Sono più facilmente studiabili le reti sinusoidali così dette "isofrequenziali", ovvero quelle in cui tutti i generatori operano con la stessa pulsazione angolare della forma d'onda impressa. Dobbiamo prestare attenzione ad alcuni componenti che in regime stazionario sono "corti" o "aperti" come le induttanze e i condensatori, perché in questo caso assumeranno un comportamento ohmico, quindi conducono, in maniera proporzionale non solo al proprio valore in Farad o Henry, ma anche alla pulsazione angolare omega della tensione ad essi applicati. Con le trasformazioni fasoriali si può comunque linearizzarne il comportamento e rendere applicabili le normali leggi e teoremi del regime stazionario.

Regime variabile: E' il più complesso da studiare perché studia la razione della rete e dei singoli componiti durante le variazioni di regime come avviene ad esempio durante le chiusure e aperture degli interruttori o rotture di specifiche parti della rete. Lo studio si effettua tramite le "equazioni differenziali" e si svolge su tre diversi istanti, prima della manovra, durante la manovra, dopo la manovra. E' disponibile una dispensina manoscritta nei link verso fine pagina. Esiste una tecnica di linearizzazione delle reti in regime transitorio che impiega le Laplace trasformate. queste al contrario di quanto si crede, semplificano i calcoli dato che trasformano operazioni integro differenziali in divisioni e prodotti rispettivamente. Le Laplace trasformate sono tabellate e scaricabili da internet. seguite questo link per scaricare i teoremi sulle L-Trasformate
www.gtronic.it/energiaingioco/it/scienza/dispense_pdf/Teoremi%20Laplace%20Trasformate.pdf

Convenzione dei generatori e degli utilizzatori.: Consideriamo un generico bipolo elettrico (componente a due fili), si fissi il riferimento per la tensione. Se, una volta inserito il componente in uno specifico ramo del circuito, la corrente risulta entrante dal morsetto positivo il bipolo è convenzionato da utilizzatore, se invece la corrente risulta uscente dal polo positivo allora il medesimo bipolo è convenzionato a generatore. nota bene, un generatore propriamente detto può essere convenzionato da utilizzatore, si pensi ad esempio alla batteria del telefonino quando questo è sotto carica. Un bipolo resistore è sempre convenzionato da utilizzatore, infatti in esso vale la legge di ohm e si misurerà con il positivo nel punto di entrata della corrente. Per quanto riguarda la potenza di un generatore di tensione, questa risulterà fornita (o erogata) se il generatore è convenzionato da generatore, risulterà dissipata se il generatore è convenzionato da utilizzatore. Una resistenza dissipa sempre potenza.

Potenza.

La potenza in continua è data da una delle tre formule P=V*I, P=R*I^2, P=V^2/R, ed ha sempre unità di misura Watt.

In alternata si distingue tra potenza attiva, reattiva, apparente. Dato il vettore della potenza complessa, si ottiene la potenza attiva proiettandolo sull'asse delle ascisse, ovvero W= V*I *cos "fi", e si ottiene la potenza reattiva proiettandolo nell'asse delle ordinate V.A.R. = V*I*sin "fi" . con "fi" si vuole indicare la nota lettera greca impiegata per lo sfasamento tensione-corrente, qui non usata per difficoltà grafiche. la potenza apparente rimane solamente V*I con unità di misura Volt-Ampere.

Numeri complessi: il campo dei numeri complessi risulta isomorfo (stessa forma) al piano cartesiano ma ha alcune importanti proprietà. I suoi elementi si chiamano numeri complessi e sono stati ripresi pari pari nello studio dei fenomeni elettrici sinusoidali introducendo una enorme semplificazione di calcolo. E' indispensabile conoscere alcune proprietà fondamentali, queste sono:

- il piano complesso è formato da un asse orizzontale, detto reale, e da uno verticale detto immaginario.
- I numeri complessi sono coppie di valori, il primo si trova sull'asse reale il secondo su quello verticale detto immaginario.
- I numeri complessi operano nel piano complesso che viene definito "campo complesso". ogni elemento del piano complesso è un numero complesso ma dal punto di vista elettrico/elettronico sarà inteso come fasore (se tensione o corrente) o operatore complesso (se impedenza). I fasori sono indicati con il segno di vettore oppure una barretta sopra al nome (in caso di difficoltà grafica semplicemente si scrive in stampatello e usando il grassetto) mentre l'operatore complesso ha semplicemente un puntino. Ne consegue che una zeta maiuscola stampatello con il puntino sopra rappresenta l'impedenza.
- il modulo di un numero complesso è l'applicazione del teorema di Pitagora sulle sue componenti e rappresenta la distanza della punta del vettore con l'origine. essendo una distanza è sempre positivo.
- Il simbolo "i" o "j" non è un numero ma il così detto coefficiente dell'immaginario, vale infatti i^2=-1 questo giustifica il nome "dell'immaginario" dato che non esiste alcun numero che elevato al quadrato dia un valore negativo. L'introduzione del coefficiente "i" rende possibile, in campo complesso, l'estrazione delle radici quadrate di numeri negativi, cosa impossibile in campo reale.
- La somma di due numeri complessi si esegue per componenti. es: C1=(2+i1) C2=(-1+3i) C1+C2=(1+i4)
- La differenza si esegue concettualmente come la somma.
- Il coniugato di un numero complesso è quel numero (in elettronica/elettrotecnica fasore, specialmente di corrente in fase di calcolo delle potenze) che ha la stessa parte reale ma parte immaginaria invertita di segno. secondo questa definizione, dati i fasori di tensione e di corrente V=(30+i20) e I=(2-i1) la potenza complessa sul componente interessato da questi parametri vale V I~ (ho indicato il coniugato con il tilde per difficoltà grafica, di solito ha una piccola v sopra la testa). quindi calcoliamo il valore della potenza complessa eseguendo il calcolo V I~=(30+i20)*(2+1i)= (30*2)+(30*i1)+(i20*2)+(i20*i1)=60+30i+40i-20 si sommano ora tra di loro le parti reali e le parti immaginarie (quelle con la i) e si ottiene S=(40+70i)   (con S si indica solitamente la potenza complessa). Ora, la parte senza la i (parte reale) si chiama potenza **attiva** e si misura in Watt, mentre la parte con la i (parte immaginaria) viene privata del termine i e rappresenta la potenza **reattiva** e si misura in VAR (volt ampere reattivi). Il componente dell'esempio sta quindi assorbendo o generando (dipende dal circuito) una potenza attiva di 40 watt e una potenza reattiva di 70 VAR. (questa e, una delle cose più importanti).
- Rapporto tra numeri complessi: è un'operazione molto importante perché nel nostro ambito permetterà l'applicazione della legge di ohm. La divisione tra numeri complessi si ottiene moltiplicando entrambi il numeratore e il denominatore per il complesso coniugato del denominatore. Il risultato è generalmente un numero complesso.
- prodotto di numeri complessi: è in generale un numero complesso e si esegue con le stesse regole del prodotto di due binomi con l'avvertenza che il coefficiente dell'immaginario J moltiplicato per se se stesso da come risultato -1.
- Esiste la possibilità di estrarre le radici dei numeri complessi ma capiterà di raro nei normali calcoli di dimensionamento.
- Se usate la calcolatrice consigliata in questo tutorial "sharp EL-506 a 494 funzioni", si entra in campo complesso agendo sul tasto "mode" e digitando 3. In alto a sinistra del display comparirà "xy" che indica che ci troviamo nelle coordinate rettangolari del piano complesso. Possiamo ora inserire i complessi esattamente come li leggiamo ed eseguire qualsiasi operazione.

Per chi opera nel campo della robotica sono indispensabili i seguenti termini a glossari per l'identificazione delle macchine elettriche e delle loro componenti.

Campo: Il campo potrà essere inteso come la regione di spazio in cui si sente l'influenza della presenza di una grandezza fisica, spesso vettoriale, ma non solo. In certi casi possiamo ad esempio parlare di campi di corrente, ed è noto che la corrente non è una grandezza vettoriale bensì scalare (ovvero non è caratterizzata simultaneamente da una intensità, una direzione e un verso). Un campo vettoriale è caratterizzato dal fatto di essere permeato dalle "linee di forza" della grandezza vettoriale in esame.

Linee di forza: Sono le traiettorie che verrebbero seguite da una particella libera di muoversi sensibile alla grandezza sotto esame. Ad esempio poche molecole metalliche in prossimità di una calamita se lasciate libere di muoversi si avvicinano alla calamita fino a trovare stabilità nel "polo".

Polo (o poli): Dal punto di vista teorico il punto di uscita o di rientro di una linea di forza di un campo magnetico o di induzione. Ricordo a tale proposito che la relazione esistente tra il campo magnetico **H** e il campo di induzione **B** è il fattore moltiplicativo µ che corrisponde alla resistenza che impone l'aria (quasi sempre si tratterà di traferro d'aria) al passaggio di una linea di forza. I poli fisici di questo tutorial saranno invece i luoghi concreti in cui vengono artificiosamente creati i campi di induzione basandoci sulla legge della mano destra.

Salienti (o salienze): Termine totalmente interscambiabile con "sporgente" o "sporgenze". I poli ti tipo saliente (sporgente) hanno solitamente la bobina avvolta nella loro asta dell'espansione polare. Bobine cosi avvolte sono chiamate in bibliografia "concentrate". Nelle macchine in continua le espansioni polari di tipo saliente sono statoriche.

Polarità: Nei poli di espansione magnetica, ovvero i poli salienti che grazie alla bobina avvolta in essi generano una linea di forza magnetica si verifica che:

·   Le linee di forza sono uscenti dal polo Nord, quindi generano all'indotto una f.m.m. negativa.

·   Le linee di forza sono entranti nel polo SUD, quindi generano all'indotto una f.m.m. positiva.

Solenoidale: Riferito a quel particolare "campo" (vedi glossario) in cui non è possibile identificare un punto di origine e di fine della linea di forza (vedi glossario). Una linea di forza solenoidale è quindi chiusa su stessa, percui una particella resa libera di muoversi lungo di essa alla fine, per quanto ampio sia il giro, ritornerà al punto di partenza. Sono solenoidali ad esempio i campi magnetici e di induzione a meno che non si verifichino delle condizioni non teoriche ma reali in cui siamo in presenza di "Flussi dispersi" (vedi glossario). Mi viene da aggiungere: il campo solenoidale ha divergenza nulla, ma evito e rimando gli interessati alle dispense di metodi matematici per l'ingegneria (disponibili sul mio sito) in cui si parla di Rotore, Gradiente, Divergenza.

Solenoide: Generatore di campo solenoidale (vedi sopra). Per generare un campo solenoidale è sufficiente un insieme di spire cilindriche (dette appunto solenoide) nel cui asse interno il campo sviluppato è rettilineo per poi incurvarsi non appena uscito dalla struttura cilindrica di cui la prima e l'ultima spira fungeranno da poli (vedi glossario). La traiettoria si incurva sempre di più fino a che la linea di forza rientra nel solenoide chiudendo la sua forma chiusa chiamata appunto solenoidale (vedi glossario). In teoria funziona come appena detto, ma nei casi concreti e relativamente a campi magnetici o di induzione (vedi glossario) la grandezza lungo la linea subisce una attenuazione dovuta al fattore µ (permeabilità magnetica concettualmente simile a una resistenza per i campi di corrente) quindi si attenua sempre più e non riuscendo così a rientrare nel polo complementare da cui è uscito. Parleremo in questo caso di flusso disperso concetto di fondamentale importanza nello studio delle macchine elettriche.

Flusso: Concettualmente più semplice di quanto possa sembrare. Si tratta del prodotto di una superficie (di solito la sezione di un conduttore elettrico o magnetico) per l'intensità del campo che in quel punto l'attraversa. L'unica avvertenza di cui tenere conto e che con il termine sezione si intende quella superficie che risulta perpendicolare al vettore del campo.

Flusso concatenato: E' quel flusso, come sopra definito, le cui linee di forza cadono sulla superficie contornata ad esempio da una spira di rame. E' fondamentale sapere che flussi concatenati costanti non hanno alcun effetto sulla spira, mentre flussi concatenati variabili hanno l'effetto di indurre(vedi glossario) una tensione ai capi di una spira.

Questa tensione la chiameremo f.e.m. (forza elettro motrice) e sarà indicata con il simbolo ε e definita in valore dalla legge di Lenz (fondamentale per il funzionamento delle macchine elettriche).

Forza magneto motrice: indicata con f.m.m. è il prodotto del numero delle spire per la corrente che le attraversano. Per questa ragione è spesso chiamata Ampere/spire. Solitamente la forza magneto motrice è messa in gioco dalle macchine elettriche al "traferro"(vedi glossario). E' equiparabile a una caduta di tensione magnetica.

Traferro: Interstizio esistente tra la parte fissa e la parte rotante della macchina. Dal punto di vista fisico (la materia fisica, che ho insegnato parecchi anni nella formazione professionale, e non un pezzo concreto da prendere in mano e toccare) risulta essere equiparabile ad una "resistenza" dato che esistono delle analogie dirette tra grandezze elettriche e grandezze magnetiche (vedi legge di ohm magnetica). Il traferro è spesso sede di dissipazione di energia magnetica.

Riluttanza: si sviluppa in maniera più evidente nei traferri ed è sostanzialmente una resistenza, per le analogie elettromagnetiche, al passaggio del flusso o delle linee di forza del campo magnetico o di induzione ad esso proporzionale. Il prodotto della riluttanza per il flusso magnetico restituisce anche esso una caduta di tensione magnetica (o forza magneto motrice) dando origine alla seconda forma delle legge di ohm magnetica.

Induttore: Quella parte della macchina rotante in cui si sviluppa il campo e lo si proietta tramite i poli verso la sezione antagonista della macchina. Nelle macchine elettriche in continua, siano esse motori o dinamo, l'induttore è la parte fissa.

Indotto: Quella parte della macchina rotante in cui si subiscono le linee di forza generate dall'induttore (vedi sopra). Nelle macchine in continua, siano esse dinamo o motori, l'indotto è la parte mobile.

Statore: Sempre e comunque la parte fissa della macchina rotante.La questione si complica dato che le macchine possono presentare induttore statorico o rotorico a seconda della tipologia costruttiva. E' già definito a glossario quale è la funzionalità statorica di una macchina D.C. guardando la voce "indotto". Riassumendo brevemente, in quanto esula dall'argomento di questo tutorial vediamo un elenco puntato:

- Macchine A.C. sincrone (statore=indotto, rotore induttore)
- Macchine A.C. Asincrone (statore=induttore, rotore indotto)
- Macchine D.C. (statore=induttore, rotore=indotto)

Rotore: parte mobile della macchina rotante, per la funzionalità operativa del rotore a seconda del tipo di macchina vedi glossario voce statore.

Isotropia: Con il termine isotropo, per le macchine elettriche rotanti in continua si intende una eguale distribuzione di forze e campi tra apparato rotorico e statorico. Questa è una definizione più vincolante rispetto a quella in uso per le macchine A.C. sincrone/asincrone in cui si intende che la parte rotorica e rotorica siano entrambi a poli non sporgenti, ovvero a rotore e statore di tipo liscio e quindi con avvolgimenti di tipo distribuito (e non concentrato perché implica un polo saliente attorno cui avvolgere la bobina), all'interno di cave ricavate nel rotore e nello statore.

Eccitazione (o di eccitazione): Riferito di solito a una corrente detta appunto di eccitazione. E' quella corrente delegata alla creazione del campo di induzione **B** che farà denominare quella sezione della macchia L'INDUTTORE.

Laminazione: Si contrappone a "massiccio". Si intende che il nucleo magnetico è formato da lamierini isolati e sovrapposti. Il piano di laminazione sarà parallelo al piano di azione del campo B in modo da produrre per la legge della mano destra, una corrente che cercando di scorrere perpendicolarmente incontra le interruzioni dovute agli isolamenti inter laminari al fine di impedire le correnti libere di facoult che porterebbero il nucleo alla fusione per quanto massiccio (si pensi come esempio ai forni ad induzione).I pacchi lamellari sono necessari quando l'induzione non è costante me bensì sinusoidale. Se l'induzione è costante non si sviluppano correnti libere (al massimo un accumulo di potenziale) e quindi il nucleo può essere costruito con materiale massiccio.

Avvolgimenti (versi): Il verso di avvolgimento di una bobina ha fondamentale importanza nella costruzione e la funzionalità delle macchine elettriche. Useremo la convenzione derivata dai testi di fisica di indicare con una crocetta un verso "entrante" e con un pallino un verso "uscente". Personalmente impiego il seguente promemoria. Immaginiamo una freccia scagliata con l'arco su un bersaglio. Se guardiamo il bersaglio da davanti vedremo la coda della freccia ovvero il suo impiumaggio che rappresentiamo come una freccia. Se andiamo dietro al bersaglio vedremo la sua punta, ovvero la freccia che esce, rappresentata come un pallino (punta). Resta così definita l'importante convenzione corrente o campo uscente PALLINO, mentre corrente o campo entrante CROCETTA.   J è più facile così …non crede?

Tamburo (avvolgimento a): nelle macchine elettriche in continua spesso (o sempre) si usa avvolgere l'indotto (vedi glossario) in modalità "a tamburo". Questa tecnica può essere raffigurata come segue, o almeno io la spiego così ai miei studenti più giovani (15 anni) e vedo che la capiscono. Procuriamoci l'anima in cartone di un rotolo di carta igienica. (questa la abbiamo tutti). Sull'altezza del cilindro tracciamo con una matita tante righette parallele, possibilmente equidistanti. Prendiamo un vecchio relè con i contatti rotti, o qualche cosa di elettromeccanico inutilizzabile, (non rompete qualcosa di nuovo o funzionante perché non ne vale la pena). Scegliamo una delle righette parallele che decideremo essere la prima del nostro avvolgimento, quindi facciamo un piccolo foro e passiamoci da dentro verso in fuori il filo di rame smaltato. Usando piccole quantità di colla gommosa fissiamo i cavi al cilindro sovrapponendoli alle righette tracciate a matita. Ovviamente, una volta raggiunta l'estremità attraverseranno la base del cilindro (in aria) per rientrare nella righetta diametralmente opposta. Una volta raggiunta l'ultima righetta facciamo un forellino e entriamo ne cilindro. Lasciamo una decina di centimetri di conduttore a penzoloni, ed ecco ottenuto il nostro "avvolgimento a tamburo". una piccola applicazione pratica vale più di 100 disegni su un testo.

Toro (o toroidale): con toro si intende la classica forma a ciambella o ad anello spesso ed è riferito ai nuclei ottimali per trasformatori o per indotti di particolari macchine in continua. Il toro è anche usato negli esperimenti sulla fusione nucleare a caldo di tipo a inversione di campo (RFX cnr di Padova). La caratterista di questi nuclei è che essendo privi di traferro non presentano per i campi e flussi indotti al loro interno una caduta di potenziale magnetico. Con toroidale ci si riferisce invece a quel particolare tipo di avvolgimento che viene avvolto attorno ad un nucleo toroidale. Il termine deriva dal greco e realmente richiama la forma dell'anello che veniva posto sul naso del toro (bovino).

Collettore: Prima di spiegare cosa è il collettore leggete qui sopra la spiegazione dell'avvolgimento rotorico a tamburo. Alla fine vi troverete con due fili di rame a penzoloni, dove li colleghiamo? Spero sia chiaro a tutti che quanto costruito è l'apparato rotorico (vedi rotore nel glossario), quindi ci vuole un meccanismo che permetta a questi due cavi di essere alimentati da un circuito esterno e di poter ruotare senza intrecciarsi. Il collettore ha infetti due scopi egualmente importanti di cui uno è questo. Ogni collettore è formato da delle lamelle di rame a cui sono collegati i capi di ogni conduttore (o raggruppamenti dei conduttori) dell'avvolgimento a tamburo. Sulle lamelle strisciano le spazzole, per il momento diciamo solo che devono presentare un'elevata resistenza di contatto, ma la trattazione sui materiali con cui costruirle è davvero ampia e complessa. Esula quindi da questo tutorial… che già di per se stesso mi sta sfuggendo di mano come lunghezza espositiva, ma mi sto rendendo conto che senza una così prolissa premessa sarebbe praticamente illeggibile a tutti. Tornando alle spazzole, è bene che queste siano poste in modo da essere (se solo due) in posizioni opposte rispetto al cerchio che è la base del nostro avvolgimento a tamburo artigianale. La linea diametrale che unisce le due spazzole è nota in bibliografia come piano di commutazione. Volendo avanzare un pò la costruzione del nostro motore/dinamo home made, procuriamoci un'astina di legno bella dritta e che possa fuoriuscire dal nostro tamburo per almeno 5 cm per ogni parte. (in mancanza di una astina cosi bella facciamo pure usando uno spiedino da cucina del tipo lungo). Sagomiamo dei pezzettini di filo di ferro in modo facciano sia da supporto che da cuscinetto. Alla fine spingendolo con un dito dovrebbe ruotare abbastanza libero. Ora vanno aggiunte le lamelle a cui collegare i capi dell'avvolgimento. Procuriamoci del foglio metallico il più sottile possibile (non ho provato ma dovrebbe funzionare anche il materiale di cui sono fatte le lattine, un alluminio tremendo da saldare a stagno a grattandolo un po' con la carta vetrata fine alla fine ci si riesce. Ovviamente le lamelle devono essere leggermente minori di 180 gradi una volta curvate e incollate a un piccolo cilindretto del diametro di un paio di cm, questo perché non devono essere in corto tra loro. Questo secondo piccolo cilindro lo ho ottenuto in una prova sperimentale di qualche anno fa, avvolgendo in maniera stretta e compatta, imbevendo in colla vinilica (vinavil) lunghe striscioline di carta. Vi ricordate le stelle filanti? Quei bellissimi coriandoli che venivano lanciato soffiandoci dentro quando eravamo giovani? L'idea l'ho presa da la. Il rotore è pronto. Ora prendiamo due molle recuperate da delle penne a scatto morte. (non si butta via nulla). Creiamo, sempre con la carta dei piccoli cilindretti (bloccati con nastro adesivo) dentro cui le molle trovano alloggio ma che fuoriescano per qualche millimetro. Vincoliamole alla struttura nella maniera che ritenete più opportuna in base alla vostra personale costruzione, ovviamente il cilindretto porta molla dall'altro lato è chiuso per impedire che la molla scappi via, e altrettanto ovviamente avrete collegato l'estremo non a contatto delle lamelle della molla con un filo elettrico. Ecco simulato il collettore e le sue spazzole. Ora manca lo statore. Lo statore nelle macchine in continua è l'induttore (vedi glossario), quindi la cosa migliore e simularlo con due magneti permanenti meglio se uguali. Procurasi delle calamite non è difficile, ad esempio nei negozi di bricolage o fai da te vendono quelle per tenere chiuse le ante degli armadietti a un paio di euro. Compriamone due. In alternativa usate quelle degli altoparlanti. Bene… tenete vicino a voi un estintore J …alimentate con un alimentatore <u>limitato in corrente</u>… e se siete fortunati ed avete lavorato bene… magia !!! tutto l'ambaradan si mette in rotazione. Ricordatevi che è solo un giochino didattico, fatto per analizzare il fenomeno a scuola. Non costruite mai un motore così perché siamo ben distanti dalla reale complessità costruttiva di una macchina elettrica con un rendimento accettabile.

Collettore (scopo fondamentale): Per quanto riguarda lo scopo principale leggiamo la voce precedente del glossario. Altrettanto importante è la funzione di raddrizzare la <u>tensione alternata</u> prodotta dall'indotto quando la macchina elettrica è configurata per funzionare come generatore (dinamo). La conversione alternata continua avviene disponendo con opportune sequenze le lamelle e le spazzole. Tra i principali difetti di un sistema a spazzole/collettore c'è la produzione di scintillio che rende vietato l'uso di questo tipo di motori/generatori in ambienti dove può esserci del gas esplosivo o polveri/liquidi infiammabili, Ovviamente dove c'è plasma c'è effetto tunseng (non è la sede per spiegare cosa è ma non è difficile documentarsi) che porta al danneggiamento e al "consumo" delle parti del collettore (spazzole e lamelle).

Passo polare: è semplicemente una distanza solitamente indicata con la lettera greca 2τ "due tau". Considerata la sezione trasversale (vedi glossario) della macchina elettrica in generale, e rettificata (vedi glossario) contiene in lunghezza un polo "N" e un polo "S". Per **semipasso polare** si intende quindi la misura che in una macchina in continua contiene una sola espansione polare di statore.

Piano (o piani di..): nelle macchine in continua si identificano principalmente tre piani, questi sono:

- **Piano polare** prolungando le linee di forza che fuoriescono dal centro un polo N al fino al punto di rientro nel polo S, andando dritti anche le linee curvano, si identifica il piano polare.
- **Piano interpolare** a volte detto piano neutro. Identificata la distanza tra due poli (immaginiamo di avere disegnato lo statore come aperto e disteso su un piano, ovvero rettificato, cioè reso dritto o piano (cosa che si fa solo sulla carta e dal punto di vista teorico), chiamiamo questa distanza "semipasso polare", solitamente indicata con la lettera greca τ"Tau", è il piano che passa tra i due poli successivi. Ne deriva che per una macchina con statore a soli due poli, il piano interpolare che passa a distanza τ"Tau", dal punto di origine del disegno risulta essere anche perpendicolare al piano polare.
- **Piano di commutazione** è il piano identificato dalla coppia di spazzole secondo quanto spiegato più sopra, alla voce collettore di questo glossario. Benché il piano di commutazione sia fisso durante il funzionamento questo può essere spostato di un certo angolo rispetto al piano interpolare. Quando la macchina è usata come dinamo, spostando il piano di commutazione con un angolo in ritardo si abbasserà la tensione alle spazzole a parità di velocità di rotazione.

Commutazione: E' il fenomeno del collettore (vedi glossario) per cui le spazzole entrano in contatto elettrico con lamelle di rotore successive, durante la rotazione. Consideriamo le spazzole sul piano interpolare (a volte chiamato neutro). Quando le spire passano sopra a tale piano non sono sede di f.e.m. e quindi con l'indotto a vuoto l'induzione è nulla mentre a carico intervengono fenomeni sovrapposti che potranno essere studiati separatamente.

Tempo di commutazione: è l'intervallo di tempo nel quale le spazzole cortocircuitano le spire di commutazione, ovvero il tempo in cui la spazzola è elettricamente collegata con due lamelle contemporaneamente.

Spazzole: i fenomeni transitori dovuti alla presenza di circuiti induttivi danno luogo al scintillio alle spazzole. Queste sono dunque un punto critico per la macchina elettrica. Per ridurre il fenomeno è opportuno aumentare la resistenza di queste operando sul materiale di cui si compongono. Dato che il fenomeno dello scintillio è innescato dalla costante di tempo $T = L/R$, è evidente che aumentando R al denominatore diminuisce la costante di tempo con l'effetto dell'estinzione più celere delle scintille. Ovviamente bisognerà trovare un compromesso dato che l'aumento della resistenza di contatto diminuisce il rendimento del motore/dinamo. Si adottano i seguenti materiali:

- **Grafite naturale:** d.d.p per coppia di spazzole da 1,5 a 2 volt
- **Elettro grafite:** d.d.p. per coppia di spazzole da 0,5 a 1 volt
- **Metal grafite:** d.d.p. per coppia di spazzole come sopra da 0,5 a 1 volt

Cave: Si tratta di scanalature aperte lungo la lunghezza del rotore in cui sono alloggiati i conduttori. Lo spessore dei cavi quindi non influenza il "traferro" (vedi glossario) che mantiene una estensione costante, quindi "riluttanza" (vedi glossario) costante. Se la forma delle cave è, in sezione, rettangolare allora si dicono "aperte", se mostrano una sorta di punte che fungono da espansioni polari allora si dicono semiaperte o addirittura chiuse. Lo studio dei campi in gioco è diverso. Ogni cava può contenere uno o più conduttori.

Sezione trasversale: E' il tipo di sezione che si ottiene tagliando la macchina elettrica come se fosse un salame.

Saturazione: consideriamo una massa metallica inizialmente in quiete. Immergiamola in un campo di induzione **B** variabile secondo una leggere lineare (una rampa in aumento). Si verifica che le molecole metalliche o gli atomi in caso di materiale puro tendo ad orientarsi all'interno della massa seguendo con la loro polarità quella imposta dalle linee di forza in transito. L'angolo assunto dalle molecole/atomi non è istantaneo o scatto ma bensì progressivo ed ha l'effetto di rendere magnetico anche questo materiale inizialmente neutro a causa del caos interno dell'ordine molecolare. Man mano che l'orientamento avviene tutte o quasi le molecole, ad un certo valore di campo di sono orientate e quindi non vediamo più un aumento del campo totale interno alla massa. La funzione di aumento che prima era lineare tende a incurvarsi e ad assumere un andamento parallelo all'asse delle ascisse nel grafico **B-H**. Questo fenomeno si chiama saturazione. Aggiungiamo anche che per fare tornare allo stato iniziale la massa bisognerà applicare un campo maggiore di quello che ha portato il blocco alla saturazione dato che ora dovrà vincere oltre al campo esterno anche quello proprio generato dalla massa stessa. Questo campo di "annullamento" è noto come campo coercitivo. Questi sono i fenomeni che danno origine al noto ciclo di isteresi quando i campi hanno forma alternata.

C.E.I. : comitato elettrotecnico italiano, emette delle norme di riferimento utili a confrontare i propri lavori con quelli definiti "a regola d'arte" per dare una conformità e vendibilità all'eseguito. Le norme CEI non sono leggi dello stato, tranne una che riguarda l'altezza minima dei conduttori di alta tensione nelle linee aeree.

Caratteristiche: termine riferito a particolari grafici ch evidenziano il funzionamento del motore/dinamo in particolari condizioni di alcuni parametri quali la tensione di indotto V e il flusso nel circuito magnetico. Quando tra i parametri compaiono grandezze elettriche e meccaniche le curve si chiamano "caratteristiche elettromeccaniche", quando in ascisse e in ordinate abbiamo solo parametri meccanici allora le curve assumono il nome di "caratteristiche meccaniche". Esempio: sono caratteristiche elettromeccaniche le curve **I-n** e **I-C** (rispettivamente caratteristica elettromeccanica della velocità e della coppia. E' invece una caratteristica meccanica la **n-C** ovvero la coppia in funzione della velocità in giri al minuto.

Parastrappi: detti anche giunti elastici. Hanno l'aspetto di molle cilindriche, molto dure, ottenute per fresatura di un raccordo a tubo di acciaio vincolato da una parte al rotore e dall'altra parte alla presa di forza rotativa dell'impianto in cui il motore andrà ad operare. Non sempre sono usate, anzi delle volte risultano dannose per l'impianto dato che potrebbero innescare delle pendolazioni per reazione elastica.

Flangiatura: con il termine flangiatura vogliamo indicare il numero e la forma delle flange. Queste rappresentano i vincoli meccanici con i quali le grosse macchine rotanti vengono vincolate ai piani di lavoro in modo che queste possano scaricare la coppia nel punto di utilizzo. Un'errata flangiatura rappresenta un punto di serio pericolo per un impianto di potenza perché sotto sforzo la macchina può spezzare questi vincoli proiettandosi fuori dall'installazione provocando seri danni quali ad esempio abbattimento di muri o distruzione di impianti adiacenti causando anche la morte degli operatori. Le flange possono essere di tipo coassiale, ovvero piastre di metallo opportunamente forato e disposte in maniera perpendicolare all'asse del rotore che normalmente fuoriesce da esse tramite un foro centrale, oppure parallele all'asse e vincolate al piano di lavoro tramite delle fresature a asola.

Reazione di indotto: ipotizziamo di alimentare il solo avvolgimento a tamburo di una macchina elettrica convenzionata da generatore, ovvero con un motore primario esterno che ne forza la rotazione. Ne nasce una f.m.m. che attraversando il traferro concatena i conduttori di statore per poi rientrare nel polo opposto. Questa f.m.m. sarà uguale a quella sviluppata alle medesime condizioni di rotazione della macchina ma in presenza di corrente di eccitazione nell'omonimo circuito di statore. Per questa ragione assume il nome di forza magneto motrice di reazione di indotto.

Avvolgimenti compensatori: Sono collocati in cave (solitamente di tipo chiuso) ricavate sulle scarpe dell'espansioni polari dell'apparato statorico. Hanno lo scopo di produrre una f.c.m.m in grado di compensare (annullare) quella della reazione di indotto. La presenza di poli ausiliari e di avvolgimenti compensatori riporta la forma della f.m.m. messa in gioco al traferro con la macchina a carico ad essere uguale a quella che si avrebbe a macchina a vuoto (rotazione al banco senza coppia resistente). Va in fine osservato che essendo anche gli avvolgimenti compensatori collegati in serie all'avvolgimento di indotto la loro azione si può ritenere "automatica", nel senso che più corrente passa per l'avvolgimento a tamburo più grande sarà la f.m.m. che viene messa in gioco al traferro, ma nel contempo,la medesima corrente passa negli avvolgimenti statorici di compensazione che creeranno la f.c.m.m. che si curerà di annullarla.

Poli ausiliari: Espansioni polari statoriche, poste sul piano interpolare, alimentate in serie all'avvolgimento rotorico di indotto. Hanno lo scopo di salvaguardare la macchina dallo stress della reazione elettromagnetica dell'indotto all'apparato di collettore (spazzole e lamelle). Lo scopo si ottiene in maniera ottimale se in collaborazione con la presenza degli avvolgimenti compensatori. Le espansioni polari ausiliarie sono molto strette rispetto ai poli principali e sono poste sul piano interpolare.

Grandezze nominali: sono i valori teorici ma assimilabili come pratici per i quali la macchina è stata progettata. Il funzionamento ai valori nominali danno il rendimento massimo del sistema. Le grandezze nominali più utili sono, la potenza nominale Pn (in volt ampere per le macchine in alternata e in watt per le macchine in continua), la tensione nominale Vn da applicare all'indotto, la corrente nominale In per l'indotto e Ien per il circuito di eccitazione, n nominale ovvero il numero di giri del motore quando impiegato ai dati nominali precedenti e quando stia sviluppando la cosi detta coppia nominale Cn. Questi dati sono solitamente incisi su una targhetta applicata alla carcassa del motore e costituisco appunto i dati di targa.

rendimento (eta): E' prossimo a 1 in una macchina ben progettata e funzionante alle normali condizioni di utilizzo (condizioni nominali). In percentuale un buona macchina, ben utilizzata, può avere il rendimento vicino al 98%.

Pt: potenza trasmessa elettromagneticamente dall'induttore all'indotto. Durante questa trasmissione giocano ruolo fondamentale il traferro, la forma delle espansioni polari, distribuzione e forma delle cave nell'avvolgimento a tamburo di indotto. All'origine del fenomeno ci sono le f.m.m. messe in gioco al traferro

Pe: potenza elettrica assorbita dalla rete. Non tutta diventerà potenza meccanica a causa delle immancabili perdite interne alla macchina.

Pm: potenza meccanica disponibile all'asse. Più è alto il rendimento della macchina e più si avvicina alla **Pe**. Il rendimento è infatti in generale pari al rapporto di queste due potenze. Numericamente è di poco inferiore a

Bibliografia:

Le nozioni utili o di approfondimento usate in questo libro sono contenute nel libro "Let's GO PIC!!!" e il libretto in formato e-book "Primi passi con i PIC sul sistema Micro-GT mini" **Gratuito**, segnalo che esiste una versione ridotta "Let's GO PIC!!! essential" orientata alle scuole.

L'ebook è gratuito e per scaricarlo dal link si deve effettuare la login su www.lulu.com dopo avere creato un account.

Per vedere le anteprime cliccare sulle copertine.

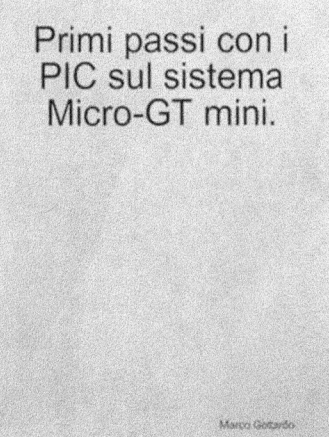

Pubblicazioni più acquistate dai lettori.

Tra le pubblicazioni più vendute di Marco Gottardo segnaliamo il libro **Let's Programa a PLC**, con il relativo eserciziario "Esercizi di programmazione per S7-200 e S7-300" e il Libro "Amministratore manutentore e installatore delle reti LAN" sempre disponibili su www.lulu.com (ricerca per autore, libreria, Marco Gottardo).

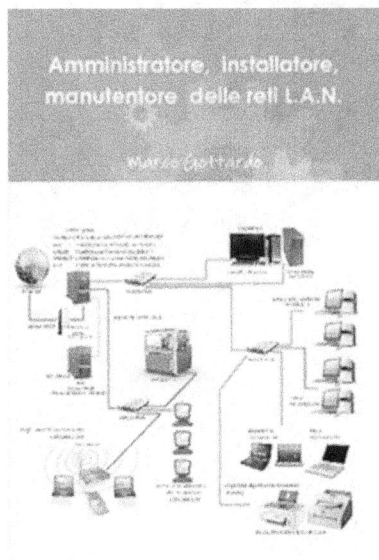

Il best seller 2014 è Let's Program a PLC !!!   (il libro nelle pubblicazione dell'autore più comprato dalle scuole Italiane)

Altre pubblicazioni

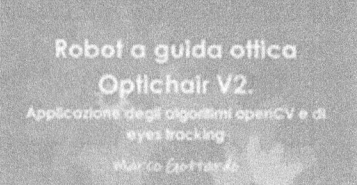

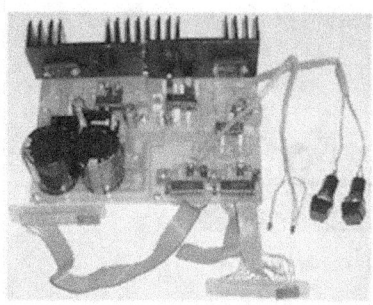
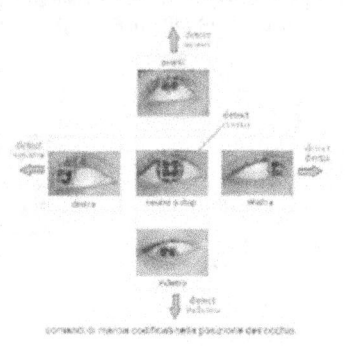

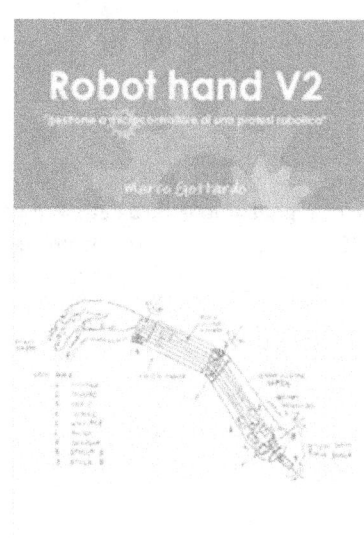

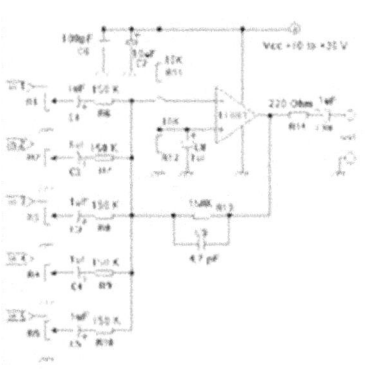

www.ingramcontent.com/pod-product-compliance
Lightning Source LLC
Chambersburg PA
CBHW081048170526

45158CB00006B/1894